洗 | 染 | 业 | 培 | 训 | 丛 | 书

服装色泽事故的染色救治

FUZHUANG SEZE SHIGU DE
RANSE JIUZHI

杜秀章　等编著

化学工业出版社
·北京·

内 容 简 介

服装色泽事故的复染救治，虽然是一种补救措施，但具有许多纤维织物染整不可比拟的特点，是减少洗衣纠纷，避免顾客抱怨、投诉，降低洗衣店运营费用的有效手段。

本书共分九章，分别为常见服用纤维与染色、颜色及配色、服用纤维染色常用染料、事故服装染色救治常用助剂、事故衣物染色救治前的准备工作、剥色处理、事故衣物复染救治工艺操作、事故衣物复染救治常见问题与预防、衣物清洗时色泽事故的预防。

本书可作为洗衣店员工及相关行业从业者的参考资料。

图书在版编目（CIP）数据

服装色泽事故的染色救治/杜秀章等编著． —北京：
化学工业出版社，2021.6（2024.7重印）
（洗染业培训丛书）
ISBN 978-7-122-38803-2

Ⅰ．①服…　Ⅱ．①杜…　Ⅲ．①成衣染色-洗涤　Ⅳ.
①TS973.1

中国版本图书馆CIP数据核字（2021）第057526号

责任编辑：张　彦　　　　　　　　　　文字编辑：陈小滔　于潘芬
责任校对：王鹏飞　　　　　　　　　　装帧设计：王晓宇

出版发行：化学工业出版社（北京市东城区青年湖南街13号　邮政编码100011）
印　　装：北京科印技术咨询服务有限公司数码印刷分部
710mm×1000mm　1/16　印张15　字数228千字　2024年7月北京第1版第2次印刷

购书咨询：010-64518888　　　　　　　　售后服务：010-64518899
网　　址：http://www.cip.com.cn
凡购买本书，如有缺损质量问题，本社销售中心负责调换。

定　　价：68.00元　　　　　　　　　　　　　版权所有　违者必究

前 言

改革开放以来，随着纺织工业与服装工业的发展，人民生活水平的不断提高，洗衣业的营业状况也有了明显改观。然而和日新月异的纺织工业相比，受多种因素的限制，洗衣业的发展仍显滞后，因而在清洗、护理各类由新材料、新工艺制作而成的衣物（尤其是各类品牌服装）时，免不了会出现这样那样的问题，例如色花、色绺、搭色、串色甚至"咬色"（颜色出现明显变异）。

导致这些问题产生的原因是多方面的：或是由于衣物面料染色时染料选择配伍不当，或是工艺操作不合理，或是由于衣物穿着使用过程中的光照、摩擦、多次清洗，或是衣物清洗护理过程中洗涤条件不适宜，或是洗涤操作不规范等。尤其是洗衣店清洗、护理顾客衣物时造成的色泽事故，轻者会招致顾客的非议、抱怨，重者还会导致顾客的投诉、索赔，这对洗衣店的正常运营十分不利。

出现色泽事故的衣物，"穿着可气，弃之可惜"。因此，需采用适宜的方法，尽可能将其恢复至较为理想的最佳状态。染色救治，即利用一些具备对纤维织物有良好亲和力和相当好各项牢度的、能将纤维材料染成各种鲜明和坚牢颜色的染料，对各类色泽事故衣物进行再染色和整理的过程。

为适应洗衣店开展事故衣物复染救治的需要，我们编写了本书，但愿能对业内朋友有所帮助。

为显示复染效果，本书图8-1～图8-7原图为彩图，读者可扫描以下二维码查看。

本书有关剥色、配色、复染救治等工艺操作方面的内容，由聂登临老师提供素材；在编写过程中，得到了中国商业联合会洗染专业委员会及北京市洗染行业协会专家组多位专家的关注与支持，在此一并表示感谢。感谢各位提供帮助的朋友及所参考书籍作者对本书的支持。事故衣物的复染救治是一门较为复杂的实用技术，涉及的内容十分广泛。但因作者的水平有限，书中的不足和疏漏在所难免，敬请业内专家和广大读者批评指正。

杜秀章

2021 年 5 月

目 录

第一章 常见服用纤维与染色性能

第一节 常见服用纤维的种类

织物纤维有多种。常见服用纤维面料，主要包括纤维素纤维、蛋白质纤维、化学合成纤维以及它们的混纺织物。

不同种类的织物纤维面料，形态特征及物理、化学性质各具特性，因此服用性能不同。而且，各种纤维织物在染色过程中，常常需要添加某些化学药剂，以强化染色过程，改善染料的吸附性，并使染料在纤维材料中均匀分布。因此，简单地分析、探讨各类服用纤维的形态特征及物理、化学性质，有助于熟悉、了解事故衣物的染色救治。

一、纤维素纤维

纤维素纤维包括天然纤维素纤维和再生纤维素纤维两大类。

天然纤维素纤维主要指棉纤维和麻纤维，再生纤维素纤维包括普通黏胶纤维、富强纤维、铜氨纤维、醋酯纤维以及莫代尔纤维和莱赛尔纤维等。

1. 纤维素纤维的组织结构

纤维素属高分子化合物。纤维素大分子的排列状态、排列方向、聚集紧密度等，与其染色性能有密切关系。

纤维素大分子形成的三维有序点阵结构，称为结晶结构。其大分子排列比较整齐的部分，称为结晶区；而排列不规则的部分，则称为非晶区或无定形区。纤维素纤维是由结晶区和非结晶区交替组成的。

结晶度越高，纤维中分子排列越规整，不仅缝隙、孔洞越少而小，而且分子间的结合力越强，物理性能越好。

常见纤维素纤维中，麻纤维的结晶度最高，苎麻纤维的结晶度为90%，其强度也最高；棉纤维的结晶度为70%，强度也比较高；而黏胶纤维的结晶度约为40%，相比之下，强度较低。所以，纤维的结晶度与纤维的物理、化学性质及力学性能密切相关。

纤维素纤维内大分子、分子链段或晶体与纤维轴向有序排列的程度，称为纤维的取向度。取向度高的纤维，强度高。

天然纤维素纤维中，苎麻纤维的取向度约为0.9，棉纤维的取向度约为0.6。

在纤维内部组织结构中，无定形区域的多少与纤维吸收水分的性能好坏有很大关系。而纤维吸收水分性能的好坏直接影响其膨胀幅度，进而影响染料的渗透、吸收。纤维素纤维的吸湿性能好坏与纤维大分子上是否有亲水基团、无定形区域的大小、纤维各层之间空隙的多少等密切相关。

在染色时，染液只能渗透到纤维素纤维的无定形区和结晶区边缘。结晶度低的纤维，非结晶（无定形）区较多，纤维结构松散，染料易于进入，染料平衡吸附量高；而结晶度高的纤维，由于结构紧密，染料不易进入，则染料的平衡吸附量低。在同样的染色条件下，结晶度不同的纤维素纤维织物，所得颜色的深浅程度是有明显区别的。

2. 纤维素纤维的主要性能

纤维素纤维的性质取决于纤维素的组织结构。纤维素大分子链中存在着各种化学键和活性基，它们的化学稳定性各不相同，能发生多种物理、化学反应。

（1）水对纤维素纤维的作用　水虽然不能使纤维素纤维溶解，但能进入纤维的无定形区域，使纤维膨化，这是纤维素纤维能上染的主要原因。

纤维素纤维中的棉纤维被水润湿后，会产生有限度的膨化，且呈各向异性，膨化程度较高，吸湿性能好，且在水中的强度高于干态时的强度。

同属于纤维素纤维的麻纤维，由于其结晶度、取向度高，大分子链排列整齐、紧密，空隙小而少，其膨化程度远不及棉。

纤维素纤维中的黏胶纤维，尽管化学组成与棉相同，但晶粒尺寸粗大，聚合度、取向度比棉低，无定形区比棉多（其无定形区约占全部纤维的60%～70%），结构比较松散，所以，黏胶纤维在水中的膨化度程度比棉纤维高得多。其染色速度以及平衡吸附量虽然比较理想，但湿强度迅速下降，几乎只有干燥时的50%左右，所以，对带有色泽事故的黏胶纤维衣物实施染色救治时，应采用低张力或松式加工。

针对黏胶纤维的特点，人们进行了一系列的研究，开发、生产出多种同系产品——富强纤维、铜氨纤维、醋酯纤维以及莫代尔纤维和莱赛尔纤维等，使黏胶纤维的性能得到了明显改善。

（2）碱对纤维素纤维的作用　纤维素纤维中的棉纤维，对常温稀碱溶液具有很高的稳定性，与浓碱溶液发生作用后，结晶区发生膨化，无定形区在纤维中所占的比例增加，其物理、化学性能也会发生某些变化。

碱对麻纤维的作用与棉类似，麻纤维对碱有一定的稳定性。

与棉纤维相比，黏胶纤维对碱的稳定性要差得多，在氢氧化钠溶液中，其易发生剧烈膨化甚至溶解。

（3）酸对纤维素纤维的作用　酸对纤维素纤维具有危害性。在无机酸的作用下，棉纤维非常不稳定，纤维素大分子断裂、水解，聚合度逐渐变小，强度迅速下降。其水解程度与酸的强弱（硫酸、硝酸、盐酸为强酸，醋酸、磷酸、蚁酸等为弱酸）有关，同时与水解时的温度、酸的浓度有很大关系。

酸对麻纤维的作用与棉类似，麻纤维不耐酸。

与棉相比，黏胶纤维对酸更敏感，故染色救治时慎用酸。

（4）氧化剂、还原剂对纤维素纤维的作用　纤维素纤维一般不受还原剂的影响（黏胶纤维需慎用还原剂），但对氧化剂很敏感。待复染救治的衣物在复染前进行剥色处理时，受氧化剂的作用生成氧化纤维素。氧化纤维素的产生使纤维的强度和聚合度相应降低，纤维变性、受损。这是因为氧化剂与纤维素的官能团起作用，进而发生分子链的断裂。此外，由于纤维素纤维结构的不均匀性，各部分所受影响也不均匀。

所以，在使用次氯酸钠、过氧化氢等氧化剂对纤维素纤维织物进行剥色（漂白）处理时，必须严格控制工艺条件——温度、浓度、处理时间等，以保证纤维应有的强度。此外，由于某些金属离子对氧化漂白有催化作用，使纤维脆损，因此，氧化漂白过程中，漂浴中应加入适量硅酸钠作稳定剂，以吸附漂浴中的重金属离子，使其失去催化作用。

麻纤维对氧化剂的作用与棉类似，但黏胶纤维对氧化剂的抵抗力比棉差。

（5）温度对纤维素纤维的作用　纤维素纤维的热稳定性一般比较好。例如，棉纤维在干热105～110℃下处理2h基本不受损，麻纤维、黏胶纤维的热性能与棉基本相同。

二、蛋白质纤维

蛋白质纤维主要包括毛纤维、丝纤维以及羊毛绒等。

1. 蛋白质纤维的分子结构及形态特征

蛋白质是分子量很大的有机含氮高分子化合物，结构十分复杂。蛋白质的大分子可以看作是由 α-氨基酸彼此通过氨基与羧基之间的脱水缩合，以酰胺键连接而成的多缩氨基酸长链。

蛋白质分子中除末端的氨基和羧基外，侧链上还含有许多酸性基团和碱性基团，所以，蛋白质纤维既含有碱性基团，又含有酸性基团，是典型的两性纤维，在不同的pH溶液中，其会发生多种不同的物理、化学变化。

虽然蛋白质纤维的化学组成大体相同，但不同种类蛋白质纤维的形态特征有明显的差异。

羊毛主要分为细毛、粗毛、两性毛和死毛等，其纤维表面由鳞片覆盖，内部是由皮质细胞集合而成的皮质层。细羊毛仅由鳞片层和皮质层组成，粗羊毛除上述两层外，毛干的中心还有髓质层。

鳞片层是羊毛纤维的外壳，如鱼鳞或覆瓦，相互重叠覆盖，其根部附着于毛干，梢部则伸出毛干表面，并指向毛尖，有保护毛干的作用。各种羊毛的鳞片大小基本相同，鳞片在毛干上的覆盖密度，却因羊毛的品种和粗细，存在着较大差别。

鳞片层使羊毛纤维具有摩擦的各向异性，是羊毛织物起球、起毛的重要原因。在水分、温度以及其他物理、化学因素的作用下，鳞片层会使羊毛集合体产生毡化现象，同时，对羊毛纤维的光泽也有影响。

相比之下，羊绒的鳞片层较薄，而皮质层更为发达。

丝纤维种类很多，包括桑蚕丝和柞蚕丝等，而应用最为广泛的是桑蚕丝。

蚕丝由两根平行的单丝（丝素）组成，外包丝胶，丝素与丝胶的比例约为4：1。

丝胶中含有色素。它不仅影响丝素的光泽，也使丝纤维的手感变得粗糙，故只有对从蚕茧上缫出的生丝进行脱胶处理，才可获得纤细而有光泽的丝纤维。

2. 蛋白质纤维的主要性能

虽然各种蛋白质纤维的化学组成基本相同，但种类不同时，其形态结构不同，物理、化学性能略有差异，复染救治工艺操作也有一定的区别。

（1）水对蛋白质纤维的作用　毛纤维具有较强的吸湿性，吸湿后纤维发生溶胀，强度也略有下降。值得指出的是，毛纤维与水接触并有外力作用（揉、搓等）时，纤维相互纠缠，黏合成紧密结构，这是毛纤维织物缩水、在水中易产生毡缩变形的主要原因之一。

羊绒的吸湿性好于羊毛，缩绒性与细羊毛相近。

丝纤维有较好的吸湿性，但与水接触后，强度下降；又因其纤维间摩擦小，彼此固结不稳定，易产生变形。

在含有盐类的稀溶液中，丝纤维丝素只发生有限溶胀（直径增加），而在浓盐溶液中，会发生无限溶胀而使丝素溶解，这是事故衣物染色救治过程中值得注意的重要问题。

（2）碱对蛋白质纤维的作用　毛纤维对碱的稳定性差。碱不仅能使毛纤维变黄，还能使毛纤维的分子链水解、聚合度下降，对毛的损伤较大。在3%～5%的烧碱溶液中将羊毛沸煮5min，其会完全溶解。

尽管羊绒的化学性能与羊毛十分相似，但其对碱比细羊毛还敏感，即使在较低温度和较低浓度下，羊绒纤维的损伤也很明显。

丝纤维的耐碱能力稍好于毛，尤其在室温条件下，丝纤维对稀碱较为稳定。但是，碱对丝纤维在碱液中的水解起催化作用。

碱的种类不同，对丝纤维的水解催化作用也不一样。氢氧化钠的水解催化作用最为剧烈；氨水、碳酸钠的作用较弱；碳酸氢钠、硼砂、硅酸钠、肥皂等弱碱性介质对丝纤维的影响较小，但能溶解丝胶，因而是生丝常用的精炼剂。

碱液温度对丝素的水解影响很大。例如，在10%的苛性钠溶液中，若温度低于10℃，则丝素无明显损伤，高于10℃，丝素就能溶解，溶解的速度随着温度的提高而加快。碱液中若存在中性盐，则会加剧对丝素的破坏作用。

（3）酸对蛋白质纤维的作用　毛纤维对酸比较稳定，属于耐酸性较好的纤维。但浓酸、高温、长时间条件下对毛进行处理，会导致毛纤维的强度下降。

有机酸作用下，毛纤维虽有损伤，但因影响较为缓和，醋酸、甲酸等作为毛纤维染色时的促染剂，在毛纤维织物复染救治工艺中被广泛应用。然而值得注意的是，在浓度一定的酸性溶液中，有中性盐存在时要比无中性盐存在时的损伤更为强烈。

羊绒的耐酸性要好于羊毛，即使经强酸处理，其强度和伸长率损失也低于羊毛。

丝纤维也属于较为耐酸的纤维，其抗酸性比棉强，但比羊毛差。耐酸的程度取决于酸的种类、浓度、温度、处理时间以及电解质的种类和浓度。

有机酸不会使丝纤维脆损和溶解，稀的有机酸溶液被丝纤维吸收后，能增加丝纤维的光泽，赋予丝鸣，并有助于长期保存。但在有机酸溶液中高温沸煮时，丝纤维则会受到损伤，并失去光泽。这是丝纤维织物复染救治时需要高度关注的问题。

丝纤维对弱的无机酸（如磷酸、亚硫酸）比较稳定，但易溶于硫酸、盐酸、硝酸等强酸溶液，即使在较低温度下也能溶解。若浓度适中，室温下浸酸1～2min后立即水洗，丝纤维的强度不受影响，而其长度可发生30%左右的强烈收缩，这种作用常被用来制作绉纹丝织品。

酸浴中添加盐会强化酸对丝的损伤。例如，甲酸中若含有一定量的氯化钙，则在室温下即可使丝素溶解。因此，不能用硬水进行丝纤维的复染救治。

（4）氧化剂、还原剂对蛋白质纤维的作用　毛纤维对氧化剂比较敏感，氧化剂不仅可使其强度下降，重量减轻，还可增加它在碱液中的溶解性，特别是含氯氧化剂，作用更为强烈。因此，毛纤维织物复染救治前进行剥色处理时，绝不能采用氯漂白剂。

过氧化氢对毛纤维的作用比较缓和，常用于毛纤维的漂白。但如果操作条件控制不当，仍会造成损伤，pH值是最大的影响因素。当pH＞7时，过氧化氢也能使毛纤维的强度下降。纤维损伤的程度与过氧化氢浓度、处理温度及处理时间有关，铜、镍等金属离子也能起催化作用。所以，毛纤维一般不宜使用氧化剂、在硬水中进行剥色处理。

毛纤维常用还原剂进行处理。但在碱性介质中，其对毛纤维的破坏作用也比较强烈，因此，也需要控制处理时的浓度、温度与时间。

氧化剂、还原剂对羊绒的作用类似于羊毛，但羊绒对含氯氧化剂（如氯漂液）更加敏感。

丝纤维在高温下利用氧化剂长时间进行处理时，可引起丝素的彻底分解，所以，丝纤维织物复染救治前剥色时，要注意氧化剂的选择以及严格控制处理时的浓度、温度、pH、时间等条件。

含氯氧化剂（如氯漂液）对丝纤维不仅有氧化作用，还伴随着氯化反应，生成有色物质，不但达不到剥色、漂白的目的，还会使丝纤维受到强烈的损伤。因此，丝纤维不能进行氯漂。

实践中常用过氧化氢对丝纤维进行漂白处理，不过也应控制漂浴条件，漂浴的pH愈高，对丝纤维的损伤也愈强烈。

实践中也常常使用还原剂对丝纤维进行漂白处理，如保险粉、亚硫酸钠等，但还原剂的漂白效果不如氧化漂白效果持久。

（5）温度对蛋白质纤维的作用　毛的耐热性能较差，在干热105～110℃时，羊毛中的水分开始消失，随着加热时间的延长，毛织物会发黄、脆硬，弹性及强度下降，光泽变差，在130℃开始分解。

羊绒的耐热性能与毛相近，而丝纤维的耐热性能比毛稍好，蚕丝在110℃短时干热加温时，热对其不起破坏作用，超过170℃将会使其脆化。

三、化学合成纤维

合成纤维是用简单的化合物（如石油、天然气等）作原料，从中提炼出某些化合物后再经一系列复杂的化学合成，最后聚合成的高分子化合物。服用纤维面料常用的化学合成纤维包括涤纶纤维、锦纶纤维、腈纶纤维以及氨纶纤维等。

1. 涤纶纤维的结构特征和主要性能

涤纶，通常指以二元酸和二元醇缩聚而成的高分子化合物，商品名称为涤纶。

涤纶纤维纵向为光滑、均匀的圆柱形，横截面近似于圆形。采用异形喷丝板喷出的纺丝则成各种特殊形状。

涤纶纤维结构紧密，大分子的结晶度和取向度较高，不仅分子链间的空隙小，而且分子链上缺少亲水基团，所以，涤纶的吸湿性差，水中膨胀度低。

涤纶纤维的热稳定性是几种主要合成纤维中最理想的，即使在150℃的高温下加温1000h，其强度下降也不超过50%。

涤纶纤维耐酸、碱、氧化剂、还原剂的能力，在常见服用纤维中也是非常理想的。即使在高温、饱和的保险粉溶液中，或在高温、高浓度的氧化剂溶液中处理，纤维强度也不会发生显著降低。相比之下，涤纶纤维的耐碱性能稍差。尽管一般浓度较低、温度较低的条件影响甚微，但在高温、高浓度的碱液中，涤纶纤维的表面会发生水解反应，纤维逐渐变细、变柔软，强度降低。

涤纶纤维织物有较好的强度与弹性，不易产生褶皱，保形性好，可穿用性能良好。但涤纶纤维织物易产生静电，容易缠绕与吸附灰尘，遇火星容易产生孔洞。

2. 锦纶纤维的结构特征和主要性能

锦纶，商品名称为尼龙，是由二元胺和二元酸缩聚而成的。根据其单体含碳原子数的不同，又分为锦纶-6、锦纶-66、锦纶-11、锦纶-610、锦纶-1010等不同类型的产品。我国常用的产品为锦纶-6。

锦纶的大分子主链都是由碳原子和规律相间的氮原子构成的，分子排列规整，结晶度高达60%～70%，纵向光滑、无条痕，横截面近似于圆形，近年来逐渐出现了异形截面纤维。

锦纶纤维的耐热性能较差，在110℃以上的热空气中，其强度明显受到影响。高温会使锦纶纤维收缩。

锦纶虽然也属于疏水性纤维，但其分子链中及分子两端含有大量的弱亲水基和亲水基，因此锦纶的吸湿性高于除维纶以外的所有合成纤维。

锦纶的耐碱性能较为突出。在85℃的10%苛性钠溶液中处理10h，其纤维强度仅下降约5%。锦纶的耐酸性能却远不如其耐碱性能，尽管在低温、低浓度的无机酸溶液中短时间处理时纤维破坏不明显，但高温、高浓度的酸溶液会使锦纶纤维溶解，强度明显受到影响。有机酸对锦纶纤维的作用较为缓和，甲酸和乙酸对锦纶纤维有膨化作用。

次氯酸钠、漂白粉、过氧化氢等强氧化剂能引起锦纶纤维分子链的断裂、强度的降低。而亚氯酸钠或还原型漂白剂对锦纶纤维的损伤则太不明显。

锦纶纤维织物是各类纤维织物中强度较高、耐磨性最好的。其密度小、重量轻、弹性好，稍用力即可产生较大的变形。

3. 腈纶纤维的结构特征和主要性能

腈纶是由单体丙烯腈聚合而成的，学名为聚丙烯腈纤维，也叫"合成羊毛"。

腈纶纤维的纵向表面比较粗糙，轴向存在沟槽，其横截面随制丝方法不同而略有差异，有的呈圆形或腰圆形，有的呈哑铃形，且截面内存在空穴。

腈纶不像涤纶纤维、锦纶纤维那样有明显的结晶和无定形结构，其只有不同序态的区别。分子的聚集态结构较为复杂，纤维大分子表现为纵向排列无序而侧向有序，呈现二维有序的特点。而非晶部分经拉伸后，又比涤纶、锦纶等其他纤维的规整度高。

由于腈纶没有真正的结晶，对热处理比较敏感，具有较大的热塑性，其热稳定性不及涤纶纤维。

腈纶纤维的吸湿性介于涤纶和锦纶之间，标准状态下的回潮率为1.2%～2.0%，其遇水后的状况类似于涤纶和锦纶。

腈纶纤维对酸有较高的稳定性，但耐碱性能较差，尤其是强碱。在碱的催化作用下，腈纶会发生水解，颜色发黄，强力降低，甚至完全溶解。碱的浓度越高，处理时间越长，对纤维的破坏也越严重。

腈纶对常用氧化剂、还原剂的稳定性良好，这类织物在复染救治前剥色处理（漂白）时可选用亚氯酸钠、过氧化氢、亚硫酸氢钠和保险粉等。

腈纶织物最大的弱点是不耐磨，经常摩擦的部位易受损伤。

4. 氨纶纤维的结构特征和主要性能

氨纶以聚氨基甲酸酯为主要成分，故也称聚氨酯纤维，俗称弹性纤维。

氨纶纤维的优异弹性，缘于其结构中既有柔性链段（高伸长），也有刚性链段（高回弹）。两种不同性能的链段镶嵌连接，使氨纶具有很高的弹性。

氨纶纤维的耐热性能与其生产工艺有关，一般在95～150℃短时间处理时不会造成损伤。

氨纶纤维的吸湿性差，回潮率在1.5%以下，与其他合成纤维类似，遇水不膨胀。

氨纶纤维耐酸性能特别好，但耐碱性能较差，在热碱溶液中会快速溶解，在复染救治前的剥色处理过程中需要特别注意。

氨纶纤维对氧化剂、还原剂的稳定性一般较好，可以利用稀释的过氧化氢或还原剂溶液进行剥色处理，但不能使用含氯漂白剂。这是因为含氯漂白剂中的碱不仅会催化氨纶的水解，还会生成N—Cl结合而使纤维受到损伤。

氨纶纤维的防霉性能较差，霉变后强度降低，耐光性能也不太理想，光照下会逐渐脆化，紫外线会引起氨纶纤维的氧化降解，纤维泛黄，甚至变成棕色。

混纺织物是由以上纤维原料中的两种或两种以上混合后纺纱制成的织物，交织物也是由两种或两种以上纤维的纯纺或并线交织而成的。混纺织物或交织物，无论其外观还是性能，均与纯纺织物有所不同，具体表现和参与混纺、交织的纤维种类、比例有关。

除此之外，随着纺织工业的发展，抗静电纤维织物、阻燃纤维织物、碳纤维织物、保健纤维织物、可水溶性纤维织物、可食用纤维织物等也已相继开发、生产。

第二节 常见服用纤维的染色性能

为对出现色泽事故的衣物进行染色救治，除了需要了解常见服用纤维的结构特征和主要性能之外，还需要掌握各类常见服用纤维的染色性能。

一、纤维素纤维的染色性能

纤维素纤维染色，一般是将染料溶于水或分散于水中进行。当待染物品浸入染液之后，水分润湿纤维并进入纤维素纤维内部，致使纤维产生膨胀，染料分子随之吸附在纤维表面，且逐步向纤维内部扩散，渗透到纤维的无定形区和晶区边缘。

纤维的结晶度越低，无定形区越多，纤维结构越松散，染料越容易进入纤维，因而染料的吸附量越大，织物的颜色越深；若纤维的结晶度高，无定形区少，则纤维结构紧密，染料不易进入纤维内部，因而染料的吸附量小，织物颜色相对较浅。

染料分子对纤维的亲和力越大，吸附作用越强；染色温度越高，越能降低染料的聚集倾向，纤维膨化越充分，无定形区空隙越大，更利于染料的渗透、扩散，进而固着在纤维上。

已知，纤维素纤维的结晶度越高，纤维分子排列越紧密，染料越不易渗透、扩散。常用纤维素纤维面料中，麻的结晶度最高，约为90%，大分子排列整齐、紧密，孔隙小而少，溶胀困难，染色性能较差，上染率较低。

棉的结晶度虽然也比较高，约为70%，但棉纤维耐碱性能较好，尤其是经碱处理后的丝光棉纤维。由于碱液破坏了部分结晶区，棉结晶度下降至50%～60%，因而染色性能较麻纤维好，上染率比麻纤维高。

常见黏胶纤维的结晶度一般在40%以下，比棉纤维有更多的无定形区，所以对染料的吸附量大于棉和丝光棉纤维。改进后的第二代黏胶纤维，由于形态结构、聚集态结构以及对化学药剂的敏感性等，与棉纤维、麻纤维、第一代黏胶纤维等其他纤维不完全相同，染色性能有一定的差异。一般情况下，在面料规格相同或相近时，其染色性能显著高于棉。

二、蛋白质纤维的染色性能

毛纤维、丝纤维等动物性纤维，都是既含有酸性基团（羧基，—COOH）又含有碱性基团（氨基，—NH$_2$）的两性纤维。纤维分子，除含有大量氨基、羧基外，其侧链上还含有许多酸性基团和碱性基团，是典型的两性高分子电解质，在不同的溶液中，随介质pH值的不同，蛋白质会成为带正电荷或带负电荷的离子，在酸性溶液中，带正电荷的氢离子与蛋白质中带负电荷的羧酸根离子（COO$^-$）复合，从而使蛋白质带正电荷。

而在碱性溶液中，带负电荷的氢氧根离子与蛋白质中带正电荷的氨基阳离子复合生成一分子的水，从而使蛋白质带负电荷。

调节溶液的pH至一定数值时，蛋白质分子成为两性离子，这一pH称为蛋白质的等电点。羊毛纤维的等电点为4.2～4.8，桑蚕丝的等电点为3.2～3.5。在等电点时，蛋白质所带有的正、负电荷相等，净电荷为零，其溶胀、溶解度等都处于最低值。

可用于蛋白质纤维面料染色的染料种类很多。尽管染料种类、化学结构、染色性能、染色工艺条件不同，然而其对蛋白质纤维的染色机理却是共同的，即在一定条件下，染料在染浴中电离成带有某种电荷的离子，成为能参与化学反应的活性物质，它们能与蛋白质纤维分子结构中的活性基产生吸引进而与纤维形成某种化学键结合，或依靠染料与纤维分子间的引力作用（范德华力），使染料固着在纤维上。

三、化学合成纤维的染色性能

常见服用纤维中的几种化学纤维，由于采用的原料、化学合成工艺不同，其染色性能也存在着一定的差异。

涤纶纤维结晶度高（70%左右），结构紧密，分子链间空隙小，又因其大分子链上缺少亲水基团，在标准状态下的吸湿性很低，仅为0.4%～0.5%，在水中溶胀度低，加上涤纶纤维缺少上染基团，难以同染料结合，染色条件要求较高，故一般选用分子量不太大、水溶性小的分散染料在一定条件下对涤纶纤维实施染色。复染救治过程中，常将浴液升温至100℃以上的高温，以增加分子链段的热运动，扩大纤维的间隙。

锦纶（尼龙）纤维虽然属于疏水性纤维，具有其他合成纤维的特性，但其大分子中含有氨基（—NH$_2$）和羧基（—COOH）等活性基团，也具有两性性质，从某种意义上讲，有类似羊毛的染色性能。因此，尼龙纤维既可采用疏水性的分散染料染色，也可在酸性介质中，利用尼龙纤维大分子具有的阳荷性，选用阴离子染料染色。所以，尼龙纤维在合成纤维中属于容易染色的。

腈纶纤维的吸湿性能在合成纤维中属于中等，标准状态下，其回潮率为1.2%～2.0%，所以，聚丙烯腈均聚物纤维的染色性能较差。

为改善聚丙烯腈纤维的性能，在这类纤维聚合时加入少量其他单体，这样既可减弱聚丙烯腈大分子链间的作用力，改善纤维的手感和弹性，利于染料分子进入纤维内部，又使纤维引入具有染色性能的含酸性基团或含碱性基团，从而使腈纶纤维既可采用阳离子染料染色，也可采用酸性染料染色。由于腈纶纤维组分中单体组成的不同以及纺丝成形方法的不同，各类腈纶纤维织物的上染性能也不完全一样。

氨纶纤维是一种弹性极好、属疏水性的服用纤维，标准状态下，氨纶的回潮率在0.3%～1.3%，染色性能很差。而且氨纶纤维易带静电，一般不制作纯氨纶织物，大多以混纺、交织、包芯等形式出现。

常见的氨纶产品多以氨纶长丝为丝芯，外包棉、毛、腈纶、涤纶等短纤维。这种包芯的外包纱，既具有原有纤维的手感、外观等固有特性，又改善了纤维的染色性能，使这类织物可以采用分散染料、酸性染料和金属络合染料染色。

构成织物的不同纤维各自性能的差别，使其在混纺或交织后的染色性能存在极大差异，因而在染料的选择，染色浴液的配制以及染色工艺条件的调整、控制等方面与纯纺纤维有明显的区别，对事故衣物进行染色救治时尤其值得注意，以期达到理想的效果。

第二章　颜色及配色

　　染色，即使织物获得一定牢度颜色的加工过程。出现色泽事故的衣物，通过染色救治，其颜色与衣物原有色泽基本相符，色泽均匀、坚牢。因此，如何拼配出适合事故衣物染色需要的染料颜色，是事故衣物救治的关键。接下来就染料的颜色拼配问题进行探讨。

第一节　色的形成

　　人们之所以能看到不同物体五彩斑斓的颜色，是由于存在光。所以，色的形成必须具备两个条件：第一，必须有光；第二，照射在物体上的光线被人的视神经所感觉到。因此，首先需要了解一下光与色的关系。

一、光与色

　　太阳光是自然界中主要的光源。日光看上去是白色的，然而通过三棱镜折射后，白色的光会分解成红、橙、黄、绿、青（绿光蓝）、蓝、紫七种有色光。这是为什么呢？原来，光是由不同波长的光波组成的。

可见光是人肉眼所能见到的光，它的光波范围为380～780nm。光波的波长不同，其颜色也不一样。例如，紫色光的波长为400～435nm，蓝色光的波长为435～480nm，青色（绿蓝）光的波长为480～490nm，蓝绿色光的波长为490～500nm，绿色光的波长为500～560nm，黄绿色光的波长为560～580nm，黄色光的波长为580～595nm，橙色光的波长为595～605nm，红色光的波长为605～700nm，红紫色光的波长为700～780nm。

应该指出的是，一种颜色到另一种颜色是逐渐过渡的，上述波段的划分仅是一个概括范围，并非是绝对的。

自然界中大部分物体本身并不发光。光波照射到物体表面以后，物体的性质不同，其反射、吸收、折射、通透光线的情况不同，因而显示出不同的颜色。

二、色的感知

色是光作用于人的肉眼后所引起的一种视觉反映，没有光就没有色。物质之所以有颜色，是因为它选择性地吸收了可见光中不同波长的光，而将其余的光波反射或透射。

例如：

白色，光波照射在物体上，此物体反射了全部光波，所以，该物体为白色。

黑色，光波照射在物体上，此物体吸收了全部光波，所以，该物体为黑色。

灰色，光波照射在物体上，此物体在吸收了一部分光波的同时，又反射了一部分光波，或者是光的反射与吸收并不彻底，因而肉眼所见的为灰色。

黄色，光波照射在物体上，黄色光波被反射而蓝色光波被吸收，因而肉眼所见的为黄色。

蓝色，光波照射在物体上，蓝色光波被反射而黄色光波被吸收，因而肉眼所见的为蓝色。

红色，光波照射在物体上，红色光波被反射而绿色光波被吸收，因而肉眼所见的为红色。

绿色，光波照射在物体上，绿色光波被反射而红色光波被吸收，因而肉眼所见的为绿色。

值得指出的是，不同光源，所发出光的能量分布是不同的。例如，和太阳光相比，白炽灯光谱中蓝色光波的能量相对较低，某物体在阳光下呈现黄色，而在白炽灯光下，该物体看起来近似为白色。

因此，用不同光源的光照射同一物体时，会呈现不同的颜色。因此，采用染料对色泽事故衣物进行复染救治处理时，应尽可能利用自然光源，以免出现色差。

第二节 配色原理

在可见光范围内，若某一波长的光与另一波长的光以适当强度的比例混合时，可得到白光，则这两种色光互称补色光。日光即由无数对互为补色的混合光波所组成的。

物质颜色的拼配不属于色光的混合，其基本三原色（红、黄、蓝），实际上是色光拼配中三原色（蓝、绿、黄）的补色。换句话说，物体所表现出来的颜色，是它吸收光谱色的补色。因此，颜色的拼配是用减色法混合的。

常见光谱色与补色的关系如下表2-1所示。

表2-1 光谱色与补色

光谱色	补色
紫	黄绿
蓝	黄
绿蓝	橙
蓝绿	红
绿	红、紫
黄绿	紫
黄	蓝
橙	绿蓝
红	蓝绿

一、三基色及其相互关系

通常一种着色材料的颜色往往不能满足要求，需用两种、三种甚至多种着色材料进行复配。用两种或多种不同色泽的着色材料，拼合调配成一种新颜色的过程，称为颜色的复配。从实践可知，用红、黄、蓝三种颜色可以拼合调配成各种颜色。换句话说，其他所有颜色都可以由红、黄、蓝三种颜色拼配而成。因此，红、黄、蓝三种颜色称为三基色或三原色，用任何两种颜色拼合复配而成的颜色叫二次色，用二次色拼合复配而成的颜色称为三次色。它们的关系如图2-1所示：

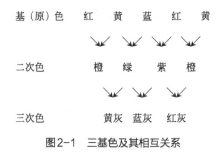

图2-1　三基色及其相互关系

由图2-1可知，红、黄两种颜色混合呈橙色；黄、蓝两种颜色混合呈绿色；红、蓝两种颜色混合呈紫色。等量红、黄、蓝三色加在一起呈黑色。由于色谱千变万化，很难用文字表达清楚，而且在实际应用时，仅靠原色、二次色、三次色满足不了要求，这就需要在原色、二次色、三次色的基础上，进一步互相补充，以便达到预期的要求。

例如：

5份红色+3份黄色=橙色

8份蓝色+3份黄色=绿色

8份蓝色+5份红色=紫色

上述拼色是就两种颜色染料的含量相等而言的。在实际操作过程中，染料的含量各不相同，应用时应参照上述原理进行换算，只有适当改变彼此间的用量比例，才能拼配出所需的颜色。

二、颜色的拼配

若所配颜色符合事故衣物染色救治的需要，则应该满足以下三个方面的要求。

1. 色调

色调（色相），即明确表示某种颜色的名称，如红、黄、蓝等。然而某一种复配好的着色材料在被染物上呈现出的色彩和光泽，并不能做到和衣物原色调100%一致。即一个基本的颜色（色调），可能有不同的色头（色光）。例如黄色，既有带蓝光的黄色（色头发蓝），也有带红光的黄色（色头发红）。再如红色，既有带黄光的红色（色头发黄），也有带蓝光的红色（色头发蓝）。在制备事故衣物染色救治材料时，其色调和色头应和被染物尽可能一致，以免出现色差。

为解决颜色拼配过程中的"色头"问题，人们还应掌握有关"余色"（补色）的基本知识。

余色（补色），即具有相互消减特性（抵消色头）的两种颜色。例如，使用黑色着色材料时，若其颜色不够纯正，泛有一定的红光（色头发红），可以适当往黑色材料中加入红色的余色——蓝色或绿色，让蓝色或绿色的色头将红头抵消；若黑色的色头泛蓝，可酌加少许橙色或黄色，以使所用的黑色材料显得乌黑纯正。又如白色衣物清洗处理后稍带黄光（俗称"黄头"），可在投水漂洗时加入少许纯蓝墨水，将黄光抵消，使衣物呈现洁白的颜色。

2. 鲜艳度

鲜艳度指事故衣物经染色救治后，所染颜色展现光泽的明、暗、强、弱程度，俗称颜色的"老""嫩"。实际上，鲜艳度体现的是颜色的纯度。

3. 颜色深度

对色泽事故衣物实施染色救治时，若染料的投放量大，则染色救治后的衣物颜色较浓；反之，则染色救治后的衣物颜色较淡。所以，对于某一色调（色相）而言，颜色深度即颜色的浓、淡程度，它与染料投放量的大小有直接关系。

世间万物，会带有不同的颜色。不同色调（色相）颜色，由浅到深的排列顺序如下：白色—黄绿色—黄色—橙色—红色—紫色—蓝色—绿色—棕色—灰色—藏青色—黑色。

三、配色注意事项

拼配颜色时，除了应关注上述几个问题之外，一般还应注意以下几方面的问题。

① 拼色前要了解单一着色材料（染料）的基本性能，原则上应选用型号相同、性质相近的产品来拼配。

② 所用材料只数应尽量少。若采用的着色材料品种多，拼色时色光（头）变化大，则不利于控制色光（头）。

③ 拼色时根据余色原理来微调色头，但余色加入复色（调配好的颜色）中以后，会影响复色的色调鲜艳度和深度。

④ 经染色救治衣物的湿样颜色干燥后还会发生某些变化。例如，常见服用纤维中的棉纤维织物，湿样时颜色显得较深，干燥后，颜色略显浅淡；而黏胶纤维织物刚好相反，湿样时颜色显得较浅，干燥后，颜色显得较深。亚麻纤维织物与毛纤维织物，处于干、湿不同状态时的颜色相差不大。丝纤维以及合成纤维的状况与棉纤维相似，湿样时颜色显得较深，干燥后，颜色显得浅淡。因此对不同质料衣物实施染色救治时的颜色拼配，应引起高度关注。

⑤ 拼色工具应洁净，以免污物、杂质混入而影响着色质量。拼色的场地应光线充足，但应避开直射阳光和灯光（俗称灯下不观色），以使所配色调和要求尽可能一致。

第三章　服用纤维染色常用染料

染料，一种既能使各类纤维染着色彩（深、透着色），又能使染色具有相应耐水洗、耐日晒、耐摩擦等牢度的化合物。染料的来源不同，其加工生产或者说合成的工艺路线不同，不仅使其具有不同的颜色，而且不同的染料，其分子结构不同，所能适用的纤维质料不同，实施染色时所需要的工艺条件也存在极大差异。因此，对出现色泽事故的衣物进行复染救治时，必须了解常用染料的种类，掌握不同染料的性能特点及其应用方法。接下来首先了解一下作为服务业的洗染业常用染料的种类。

第一节　服用纤维染色常用染料的种类

服用纤维染色常用染料有多种，其分类方法也不一样。

服用纤维染色常用染料按其来源，可分为天然染料和人造染料，而天然染料又可分为植物性染料、动物性染料和矿物性染料。

天然染料中的植物性染料，是指从植物的根、茎、叶、果实中提取的染料，如靛蓝、茜素、苏木黑等。

天然染料中的动物性染料，是指从动物躯体中提取的染料，如胭脂红等。

天然染料中的矿物性染料，是指从矿物质中提取的有色无机物，如铬黄、群青、锰棕等。

人造染料，是指利用煤、天然气、石油等物质，提炼合成的有色有机化合物。

在日常生产、生活中，人们常按染料的分子结构、制造方法，或染料的性能、应用方法等进行分类。

各类染料的性能不同，其应用方法及染色效果也存在较大差别。服用纤维染色常用染料按应用性能分类，可分为以下几种。

1. 直接染料

直接染料色谱齐全，价格便宜，而且不需依赖其他化学药剂即可直接染着于纤维，因此染色操作十分方便，但各项牢度较差，尤其是湿处理牢度差。

在弱碱性或中性介质中，直接染料可用于纤维素纤维染色，在弱酸性或中性介质中可用于蛋白质纤维染色。

但普通直接染料的耐水洗牢度和耐日晒牢度欠佳，必须经固色处理来提高染色牢度。

2. 活性染料

活性染料的分子结构中含有活性基团，在相应条件下可用于纤维素纤维、蛋白质纤维以及部分化学合成纤维的染色。

活性染料色泽鲜艳，使用方便，渗透性、染色牢度均较好。但这类染料的上染率较低，染色助剂的需要量较大，一般用来上染浅色或中等色。

3. 冰染染料

冰染染料，即不溶性偶氮染料。因其在染色过程中需要用冰块冷却，故称之为冰染染料。这类染料色泽鲜艳，染色成本低，常用于棉纤维平绒、细灯芯条绒等制品染色以及床单、被罩等纤维制品染大花。

4. 还原染料

还原染料不溶于水，染色时需先用还原剂将其还原成可溶性隐色体上染纤维，再经氧化使其成为不溶性染料固着在纤维上。其色谱齐全，色泽鲜艳，各项牢度均比较理想，是纤维素纤维染色的重要染料。但这类染料的染色工艺操作复杂，价格也比较高，适用于上染高档纺织品。

5. 可溶性还原染料

可溶性还原染料克服了还原染料工艺操作复杂的缺陷，将其溶于水即可对织物实施染色处理，然后再在酸性条件下显色，操作简便。主要用于纤维素纤维或涤棉纤维上染浅淡、鲜艳的颜色。

6. 硫化染料

硫化染料不溶于水，采用硫化钠将其还原成可溶性钠盐后才能实施染色。染料在染液中为隐色体，再经氧化使其固着在纤维上。

硫化染料价格低廉，除耐摩擦牢度较差外，其具有较好的耐水洗、耐日晒牢度。主要用于纤维素纤维上染较深的颜色。

7. 硫化还原染料

这类染料的染色性能、染色牢度介于硫化染料和还原染料之间，故称硫化还原染料。

该种染料不溶于水而溶于烧碱和保险粉混合溶液，价格低廉、色谱较全，但色泽暗淡，适用于纤维素纤维和部分合成纤维等较厚织物上染较深的颜色。

8. 酸性染料

酸性染料易溶于水，在酸性或中性介质中用于蛋白质纤维、尼龙纤维等的染色，根据染色性能不同，其又分为强酸、弱酸、中性等不同染料。

酸性染料色泽鲜艳，操作方便，但价格较高，织物染色后湿处理牢度较差，因此，一般上染中等色、深色织物时需进行固色处理。

值得注意的是，使用酸性染料染色再经固色处理的织物，其色光会稍显晦暗。

9. 中性染料

中性染料是与酸性媒染染料密切相关的金属络合染料，其两个染料分子与一个金属原子络合，在弱酸性和中性浴液中对织物实施染色。

中性染料溶于水，操作简单，各项牢度好，特别是湿处理、耐日晒性能优良。但其色谱不全，价格较贵，且由于染料中存在金属离子，织物染色后色泽较暗淡。

10. 分散染料

分散染料是一种疏水性较强的非离子型染料。染料分子虽小，但在水中很少溶解，染色时需借助于分散剂的分散、增溶作用，使其成为均一的水分散液。在一定的条件下，才能对织物实施染色。

分散染料的染色牢度好，可用于醋酸纤维、尼龙纤维和涤纶纤维等疏水性纤维的染色。

11. 阳离子染料

阳离子染料是一类在水中能离解生成色素阳离子的染料，根据其染色性能，又分为多种类型。

这类染料溶解度良好，且随着染液温度的提高，染料的溶解度增大，因而染色均匀，色泽鲜艳，色牢度好，适用于腈纶纤维等合成纤维的染色。

12. 碱性染料

碱性染料又称盐基染料，染料分子在水中呈阳离子状态。这类染料溶于水，易溶于醋酸、乙醇。色谱齐全，色泽鲜艳，染料给色量高，操作简便。

碱性染料除耐熨烫牢度较好外，其耐洗、耐晒、耐汗渍、耐摩擦牢度均较差，且价格较贵。其主要用于舞蹈服饰、戏剧服装服饰等高档饰品的染色。

第二节　染色救治常用染料的性能特点及其应用

前文已述，纺织纤维常用染料不仅品种多，而且每种染料的性能及应用方法也各不相同。理论上讲，为实现纺织纤维的染色，除了要了解各类服用纤维的形态特征及物理、化学性质外，还应掌握各种染料的性能特点及其应用方法。

在对色泽事故衣物进行复染救治时，受多种因素的限制。实际工作中，可用于服装染色救治的染料品种并非很多。所以，接下来仅把服装染色救治时几种常用染料的性能特点及其应用方法简述如下，供朋友们参考、借鉴。

一、直接染料

直接染料是纤维素纤维织物复染救治时的常用染料之一，能溶于水，应用简便。

按照应用性能，直接染料可分为一般直接染料、直接耐晒染料、直接铜染染料、直接重氮染料、直接交联染料和直接混纺染料等。

各类直接染料均属阴离子型染料，其色素部分在水中离解成带负电荷的离子。由于纤维在水中也带有负电荷，染料和纤维之间存在静电斥力，因此，染液中需加入盐（食盐或元明粉），以降低静电斥力，增加染料对纤维的亲和力，帮助染料分子上染到纤维上，起到促染作用，缩短染色时间。

正因为其色素部分属阴离子型，能与带正电荷的有机离子结合，生成不溶于水的沉淀，所以，除耐晒、耐水洗牢度较好的直接铜染染料无须进行固色处理外，大多数直接染料可用阳离子型的固色剂进行处理，以提高其湿处理及耐晒牢度。

在直接染料的染浴中加入碱剂（如纯碱等），可提高染料在水中的溶解度，加上其他染色助剂（如拉开粉）的作用，吸附在纤维表面的染料分子将通过纤维孔道，不断向纤维素纤维的无定形区扩散。

直接染料有优异的移染性。随着染液温度的升高，染色时间的延长，染料分子在纤维上的吸附、扩散、固着作用交替进行，染料在纤维上不断进行重新分布，以达到匀染的目的。

温度对不同直接染料上染性能的影响是不同的。大多数直接染料只有在100℃左右的高温条件下，才能获得理想的染色效果。但某些低温型直接染料（上染温度低于70℃）和中温型直接染料（上染温度为70～80℃），染色温度过高，染色效果反而不理想。

织物复染救治过程中，大多数直接染料遇硬水中的钙、镁离子会产生沉淀。因此，用直接染料在硬水中实施染色时，不仅会加大染料消耗量，还会影响织物的染色效果。

二、活性染料

活性染料能直接溶于水。其分子结构中有一个或几个活性基团，在一定条件下，能和纤维中的某些活性基团发生化学反应，以某种化学键将染料与纤维结合起来，所以，活性染料又称反应性染料。

活性染料色谱齐全，色泽鲜艳，应用方便，价格低廉，染色牢度好，是目前纤维素纤维、蛋白质纤维以及部分化学合成纤维染色救治时的主要染料。

但活性染料染深色织物时效果不太理想。染色过程中，部分活性染料容易水解，导致染料利用率不高。此外，某些类型活性染料的耐日晒、耐气候牢度较差。

针对活性染料的这些不足，近年来人们开发、生产了一些新型活性染料，其性能得到了明显改善。

一般情况下，活性染料的水溶性比较好（个别类型的活性染料除外），耐硬水。

按照活性基团的不同，活性染料可分为多种产品。织物纤维的质料不同，适合其染色的活性染料种类不同，所需要的染色条件也存在一定差异。

（1）活性染料复染纤维素纤维织物　当纤维素纤维采用活性染料染色时，染料在染色过程中被纤维吸附。然而纤维素纤维在中性条件下，不可能与染料产生化学结合，只有在碱性条件下，纤维形成了离子化纤维后，才会与染料产生化学键结合。因此，当纤维素纤维采用活性染料染色时，染液中需加入一定量的碱。

一般的活性染料分子结构比较简单，在水中的溶解度较高。为了提高染料的上染率和固色率，通常需要在染液中添加大量的无机盐（食盐和元明粉）促染。值得注意的是，无机盐的用量应适中。用量过高会使溶解度低的染料产生沉淀，匀染性较差的染料出现染色不均。

当纤维素纤维采用活性染料染色时，为了使染料与纤维发生化学反应而固着在纤维上，需向染液内加碱。然而在碱性条件下，活性染料也会发生水解。染色过程中，若碱性太弱，则染料与纤维的反应效率低；若碱性过强，则染料水解严重，也会降低染色效果。根据染料的反应性能和染料用量，实施事故衣物复染救治时，应选择适宜的碱剂。

上染到纤维上的染料，并非全部可与纤维发生化学反应。此外，在碱性溶液中水解的染料也会吸附到纤维上。这些未与纤维结合的染料，会显著影响织物的湿洗牢度。因此，事故衣物经染色救治后，还需进行皂洗处理，以便将纤维上未与纤维反应的染料以及在碱性溶液中水解的染料去除干净。

（2）活性染料复染蛋白质纤维织物　活性染料用于蛋白质纤维染色时，色泽鲜艳，固着率高，染色牢度较好。这是由于蛋白质纤维分子同时含有酸性基团（—COOH）和碱性基团（—NH₂），具有两性性质。活性染料在弱酸性、中性或弱碱性条件下，都能上染蛋白质纤维，典型的例子如真丝纤维。

在弱酸性染浴中，丝纤维的上染率高，但湿处理牢度较差；在中性染浴中，丝纤维的色泽鲜艳；在弱碱性染浴中，由于固着率高，丝纤维的湿处理牢度优于中性条件下的染色。丝纤维耐碱性较差，因此，染液的pH值不能太高，应控制在8～9之间，否则会影响真丝纤维的光泽和手感。

活性染料用于毛纤维染色时，是一类合成的专用于毛纤维染色的活性染料。该类染料中的大多数，在一些专用助剂存在的条件下，固色率可达90%左右。毛纤维专用活性染料染色时，鲜艳度高，固色效果好，染料水解少，耐晒牢度和耐湿处理牢度等性能优异。但这类染料的匀染性较差，而且价格较昂贵，主要用于高档毛纤维制品。

（3）活性染料复染化学纤维织物　活性染料用于化学纤维染色时，色泽鲜艳，染色牢度较高，但化学纤维中的反应性基团较少，难以染成深色，且匀染性较差，因此，一般多用于浅色、中等色泽化学纤维的染色。

值得指出的是，活性染料不仅与纤维中的活性基团发生反应，同时也与水中的氢氧根离子发生水解作用。特别是在碱性介质中，染液中的氢氧根离子浓度太高，发生水解作用的速度更快。尽管活性染料与纤维的结合反应速度，比染料的水解反应速度大几十倍甚至更高，但是如果掌握不好，活性染料的水解速度会大大加快，致使只有少量染料与纤维结合，明显影响衣物的复染效果。因此，使用活性染料进行染色救治时，应注意染料随用随溶解。如果染色前过早溶解活性染料，或将活性染料溶解后久置不用，则极易造成染料水解，使大量染料失去染色作用。

三、硫化染料

硫化染料主要用于棉及其他纤维素纤维的染色。其不溶于水，采用硫化钠将其溶解、还原成可溶性钠盐后才能实施染色。染料在染液中为隐色体，隐色体对纤维素纤维具有亲和力，再经氧化作用使染料固着在纤维上。

常用的硫化染料必须用硫化钠溶解，硫化钠是用硫化染料染色时的主要助剂。硫化钠既是还原剂又是碱剂，这是因为硫化钠在染液中分解时释放出氢，氢原子性质活泼，具有强烈的还原作用；与此同时，硫化钠还会分解出氢氧化钠，使硫化染料生成可溶于水的染料隐色体钠盐。

虽然隐色体钠盐对纤维素纤维有上染能力，但亲和力较低，需加入助剂促染。因此，染液中需加入食盐等电解质，促使染料上染。

上染到纤维上的隐色体，再经空气中氧气或氧化剂的氧化作用，重复生成不溶性的染料固着在纤维上，达到染色目的。

复染衣物经氧化显色后应进行水洗，以除去织物上的浮色，提高染色牢度，增强织物的色泽鲜艳度。

硫化染料的耐水洗和耐日晒牢度较好，但耐摩擦牢度不够理想。由于硫化染料色谱不全，主要以黄棕、草绿、红棕、蓝、黑为主，缺少艳丽的品种，因而色泽不够鲜艳。

衣物复染时，应采用软水，或在染液中加入纯碱使水软化，并避免使用铜器。这是因为采用硫化染料染色时，染液中如果有金属离子，会与硫化染料结合生成不溶性色淀，影响染色效果。

四、还原染料

除可溶性还原染料外，还原染料一般不溶于水，必须用碱液和保险粉溶液调浆。在碱性条件下，还原染料用还原剂还原成为溶于水的隐色体钠盐后才能上染。

还原染料常用的碱剂是烧碱，常用的还原剂是保险粉。根据不同类型还原染料还原性能以及还原速度的不同，应适当控制还原条件（如烧碱的添加量等），否则会出现过度还原、隐色体结晶或沉淀等不正常还原现象，从而造成染料溶解不充分、染色不匀、色牢度降低、颜色变浅等缺陷，影响衣物的复染质量。

还原染料被还原成隐色体之后，逐渐从染液转移到织物纤维上。还原染料隐色体的结构不同，其上染速度、扩散速度、匀染性能等均存在极大差异。因此，采用不同类型还原染料染色时，染液中需适量添加各种类型的助剂。例如，能降低染料隐色体溶解度的电解质食盐、元明粉，使染色更加匀透、起匀染作用的平平加等。

还原染料的隐色体被纤维吸附的同时，会逐渐扩散到纤维内部，再经氧化转化为不溶性还原染料，恢复至原来的颜色并固着在纤维上。

批量染色常用氧化剂中，过硼酸钠是较为温和的氧化剂。其适用的染料类型较为广泛，用量视染色的深、浅而定，一般为1%～3%。

采用还原染料批量染色的实施氧化发色过程中，不仅要控制氧化剂的用量，还要注意控制浴液的温度和操作时间。一方面以便确保还原染料的隐色体充分氧化发色，避免织物皂洗过程中出现色花、色浅现象；另一方面，防止过度氧化，以防还原染料的结构遭到破坏，影响染色质量。

对带有色泽事故的衣物进行手工复染救治时，常用透风氧化的方法。

经还原染料复染的衣物，必须进行水洗处理。这样既可去除浮色，提高染色织物的耐洗牢度和耐摩擦牢度；又能改变染料颗粒在纤维内部的聚集、结晶状态等，使织物色泽更加鲜艳。

还原染料虽然具有很多优点，但价格昂贵，染色工艺操作比较繁杂，有些品种还存在光脆性问题，因此对带有色泽事故的衣物复染救治时常采用可溶性还原染料。

可溶性还原染料（印地科素）是由一部分还原染料改制而成的隐色体硫酸酯（钠）盐，染色时不再需要保险粉还原，在织物纤维上，染料经酸浴氧化显色即可得到与还原染料同等牢度的色泽。因为染料能溶于水，所以称之为可溶性还原染料。

可溶性还原染料的使用方法比较简单，对各种纤维素纤维均有极佳的匀染性，通常用于丝光棉府绸、涤/棉混纺等织物的浅什色制品的染色，如天蓝、银灰、米黄色等。

然而相比之下，可溶性还原染料的价格仍较昂贵，现已多改用活性染料。

五、硫化还原染料

硫化染料的色谱不全，缺少艳丽的品种，色泽不够鲜艳；随着穿用时间的延长，硫化染料中的某些物质会被空气氧化为酸性物质，使衣物纤维逐渐脆损。还原染料虽色谱齐全，色泽鲜艳，各项牢度均比较理想，但还原染料染色工艺操作复杂，价格也比较高。因此，人们才又开发、生产了硫化还原染料。

硫化还原染料即通过硫化方法制成的不溶性含硫染料。其化学结构与硫化染料相似，染色性能介于硫化染料和还原染料之间。采用硫化还原染料染色，色泽艳丽，色光纯正，具有优良的染色牢度，耐日晒、耐水洗等牢度均比硫化染料好，且价格较还原染料低廉。

采用硫化还原染料染色时，既可用氢氧化钠-保险粉还原染色，也可用硫化钠代替部分氢氧化钠和保险粉。硫化还原染料适用于纤维素纤维、维纶及维/棉混纺制品的染色。

六、酸性染料

根据染色性能的不同，酸性染料又分为强酸性、弱酸性、中性等不同染料。

强酸性染料主要用于毛纤维织物染色，其结构简单、水溶性好，染液中的染料基本以离子状态存在，匀染性好。

染液的酸性越强，氢离子数量越多，毛纤维形成铵根离子的可能性就越大，对染料的吸引力也就越大，所以，在染色过程中酸能促使染料上染毛纤维。采用强酸性染料染色时，需要在pH为2～4的较强酸性条件下进行。

与毛纤维相比，丝纤维中的氨基含量较低，约为毛纤维的1/4，耐酸性差。在强酸性条件下染色时，丝纤维容易受损，强力降低，所以，丝纤维一般在弱酸性或中性浴液中染色。

弱酸性染料的分子结构比较复杂，与纤维的亲和力较大。此外，丝纤维的无定形区比较松弛，在水中容易膨化，利于染料扩散，所以，其上染速度比毛纤维快，可以在沸点以下进行染色。

在染液中加入中性电解质（元明粉），会使纤维上染时受到的静电斥力下降，吸附效率提高。此外，中性电解质可以使染料阴离子和丝纤维铵根离子结合的速度降低，提高染料分子的扩散性和移染性能，起缓染作用，提高匀染效果。

采用弱酸性染料染色时，若增加染浴中酸的用量，则会使纤维中的铵根离子数量增加，纤维所带负电荷减少，上染速度提高。但pH过低，染料上染速度太快，易造成染色不匀。其最佳的pH应为4～6。

采用中性浴染色的酸性染料与直接染料相似，染料分子量大，对纤维的亲和力高，需要在近中性的染液中染色（pH6～7）。由于具有两性性质的纤维带有较多的负电荷，酸性染料阴离子必须克服较大的静电斥力才能上染纤维，所以需在染浴中加入中性电解质，以降低纤维与染料分子之间的作用力，起促染作用。

采用酸性染料染色时，中性电解质所起的作用与染液的pH有很密切的关系。若染液的pH低于纤维的等电点，则中性盐起缓染作用；若染液的pH高于纤维的等电点，则中性盐起促染作用。

采用酸性染料染色时，染液中还需添加一定量的平平加和软水剂，以增强染料的渗透、匀染以及色彩鲜艳度等染色效果。

七、中性染料

可以在弱酸性和中性条件下对动物性纤维和聚酰胺纤维（锦纶）进行染色的染料称为中性染料。

中性染料对纤维上染的过程与弱酸性染料十分相似。其带有负电荷的染料离子能与纤维上带有正电荷的铵根离子产生静电引力，并通过离子键结合起来。

染液的pH直接影响上染速度。采用中性染料染色时，酸有促染作用，但上染速度过快，匀染性差。因此，为控制上染速度，染液的pH应控制在中性或近中性，并用醋酸铵或硫酸铵加醋酸来调节染液的pH。

中性染料水溶性较差，对纤维具有相当大的亲和力，故染色湿处理牢度比较好。

但中性染料匀染性没有酸性染料好，操作不当易出现色花。由于染料中存在金属离子，织物染色后色泽较暗淡，可选用适当的弱酸性染料拼色。

八、碱性染料

碱性染料是合成染料中最早出现的一类，只是在酸性染料和直接染料大量使用之后，它才逐渐被取代。

碱性染料又称盐基染料，是各种具有颜色的有机碱与酸形成的盐，在水中离解成染料阳离子和酸根阴离子。

碱性染料本身并不具有碱性，也不要求在碱性介质中溶解或染色。恰恰相反，在碱性条件下，碱性染料反倒会生成难以溶解的沉淀。

碱性染料可溶于水，但其溶解性能远不及酸性染料和直接染料。为提高碱性染料的溶解性能，可采用有机酸或乙醇助溶。

碱性染料表面着色能力强，而渗透、扩散性能差，因而易染色不匀。因此，采用碱性染料实施染色时，需适量加入各类染色助剂，如醋酸、平平加等。

碱性染料对水的硬度十分敏感，且碱的存在会使之产生沉淀，所以，染色时，一般应采用软水，染液的pH也应控制在4～7之间。

个别品种的碱性染料不耐高温，如碱性嫩黄在高温条件下会分解变质，故染色时染液温度不宜过高（一般在60℃左右）。

碱性染料溶解度低，着色力强，若有未溶解的小颗粒，则容易在复染后的衣物上出现色斑，所以，如有必要，使用前应细心进行过滤处理。

在水中离解后，碱性染料的有色部分带正电荷，不能与阴离子型染色剂、助剂、表面活性剂等物质混用，否则会生成色淀影响染色效果。

前文已述，除耐熨烫牢度较好外，碱性染料的耐洗、耐晒、耐汗渍、耐摩擦牢度均较差，且价格较贵。常用其对出现色泽事故的衣物纽扣等实施复染。

九、阳离子染料

阳离子染料是一类能在水中离解生成色素阳离子的染料，在染液中可对含有阴离子染座的腈纶等合成纤维进行染色，耐光牢度好，色泽鲜艳。根据染色性能，其又分为多种类型。

阳离子染料易溶于水，更易溶于乙醇或醋酸溶液。若染液温度升高或加入某些助剂（如尿素、醋酸），则染料的溶解度增大。染料的溶解度越大，则越有助于染色均匀性和色泽鲜艳度的提高。

腈纶纤维的酸性基团在溶液中带有负电荷，阳离子染料在溶液中则带有正电荷。带有正电荷的染料离子很容易吸附在带有负电荷的纤维表面。由于染料在纤维上的固着较快，并且是不可逆的，阳离子染料的移染性能变差，容易出现色花。因此，采用阳离子染料进行染色时，必须加入助剂（如元明粉、缓染剂等），以减缓染料的吸附速度或加快染料的扩散速度。

阳离子染料吸附在纤维表面，牢度较差，只有在高温条件下（一般在98℃以上），纤维大分子运动加剧，纤维的组织结构变得疏松，染料上染速度增加，染料分子才会逐渐扩散到纤维组织内部，并与纤维发生染色固着，才会获得较理想的染色效果和较高的染色牢度。

不同类型的阳离子染料，不仅其所适宜上染颜色的深浅不同，而且其亲和力和迁移性也有差异。因此，采用不同类型的阳离子染料进行衣物的复染救治时，不仅在拼色时要考虑各个阳离子染料相互之间的配伍性，还必须控制好染色工艺条件，以免影响染色效果。

此外，阳离子染料还受某些金属离子（如钙、镁、铜、铁、铝离子）的影响，不仅会降低染色速度，还会改变色光。因此，采用阳离子染料染色时，需使用软水。

十、分散染料

分散染料有多种类型的产品。按化学结构，可分为偶氮类、蒽醌类、杂环类；按使用时的耐热性能，可分为低温型、中温型和高温型。

在分散染料分子中，含有许多极性基团，也会使染料分子带有适当的极性，从而对上染能力较差的涤纶纤维等具有一定的染着能力。

虽然分散染料的水溶性较差，但载体（如膨化剂、扩散剂等助剂）的加入，可使纤维易于膨胀，把高度分散的单分子染料带进纤维，提高染料在纤维表面的聚集浓度，加速染料向纤维内部的扩散。

载体，对染料和纤维都具有亲和力的一类有机化合物，其分子比染料分子小，扩散速度快，可先于染料进入纤维内部，使纤维分子之间的距离加大，从而使纤维的空隙加大，纤维结构变得相对松弛，便于染料进入纤维内部。

此外，由于载体对染料的溶解能力远远超过水，吸附在纤维表面载体层中的染料浓度，远高于染液中的浓度，这就增加了染料在纤维内、外的浓度梯度，加快了染料的上染速度。

提高染液温度，可以降低染料分子间的相互作用力，使多分子缔合物分离成单分子状态。分散染料处于单分子状态时，体积小，容易进入纤维内部，可以获得更加理想的染色效果。所以，服装染色救治时，应将染液升温至100℃。

除此之外，采用分散染料进行衣物复染救治时，染液中还需加入释酸盐（硫酸铵）、乳化剂、匀染剂等染色助剂，以便获得理想的复染效果。

第三节　染料命名法

染料不但品种数量多，而且各种染料的性质和应用方法也存在较大差异。为便于区别和了解不同染料的类别、颜色、光泽、形态特征以及用途等，常用三段命名法对其命名。

染料的商品名称，一般由冠称、色称、尾注三部分组成，如硫化蓝R、还原黄G等。其中，"硫化""还原"均是冠称，"蓝""黄"是色称，"R""G"是尾注。

一、冠称

染料的冠称有如下三层含义。

1. 表示染料的类别

例如"直接"，表示该种染料在染色时，可以不添加任何助剂，即可使纤维素纤维直接染上颜色；其他如"还原""硫化""活性"等，分别属于不同类型的染料。

2. 表示染料的化学组成

如甲基蓝、甲基紫等，通过冠称即可知道染料中有甲基结构。

3. 表示生产厂家

二、色称

色称（色相）说明染料在纤维上染着色彩后所呈现的色泽。它有以下几种表示方法。

以物理意义命名的名称，如"红""黄""蓝"等；

以司空见惯的植物命名的名称，如"橘黄""桃红""玫瑰""草绿""橄榄"等；

采用动物名称命名的名称，如"孔雀绿""鼠灰"等；

以自然现象命名的名称，如"天蓝""金黄"等。

三、尾注

尾注常用外文字母和符号，说明染料的色光、形态、性能与用途等。例如：

B——代表蓝光或青光；

C——代表耐氯，适用于棉，不溶性偶氮染料色基的盐酸盐；

D——代表稍暗；

E——代表适用于浸染；

EX.cone——代表特浓；

F——代表染料粒子细小，染色牢度好，色彩鲜亮；

G——代表黄光或绿光；

H——代表适用于棉毛交织物的染色；

J——代表色泽带黄光；

K——代表该染料适用于冷染（指还原染料）；代表热固型活性染料；

L——代表染料耐光牢度好，染料的匀染性；

M——代表混合物；

N——代表正常或标准；代表新型或色光特殊；

O——代表高浓，橙光；

P——代表粉状染料，适用于印花；

R——代表红光；

S——代表容易溶解，能用于染丝纤维，升华牢度好；

T——代表色深；

V——代表带紫光；

W——代表适用于毛织物染色；

X——代表浓度极高，普通型活性染料；

Y——代表带黄光；

cone——代表高浓度。

染料的三段命名法，方便了人们对染料的认识。但冠称和色称相同的染料，为表示其色光的不同，一般用数个相同的字母表示。例如"还原紫RR"，其表示带红光的紫色还原染料，两个"R"表示红光较重。又如BB（2B），代表较B的光彩稍蓝。依此类推，6B就比5B的光彩显稍蓝。

某些染料的尾注前部，还常带有一字线与字母，以进一步说明染料的类型与结构。如"活性艳蓝KN-R"。其中，KN代表乙烯砜型活性染料。

为明确表示染料的形态，如细粉、超细粉、浆状、液态等，在这类染料名称之后，常加一些辅助说明，如"粉""细粉""超细粉""浆""液"等字样。

第四节　染料的品质

染料的结构比较复杂，不能完全用普通的化学方法来分析。即使某些染料可以采用普通的化学方法进行分析，也因受染料生产技术和使用操作条件的影响，不能准确界定染料的品质。因此，染料品质的优劣，主要还是通过应用上的实际效果来验证，如染料的外观、染料的溶解度、染料的亲和力、染料的强度、染料的色光以及染料的牢度等。

一、染料的外观

染料的外观，即染料外表的形态与颜色。

染料的形态可分为粉状（细粉、超细粉）、粒状、晶状、液状、浆状等多种形态。

一般情况下，染料大多为粉状。碱性染料有粉状、粒状和晶状；酸性染料除粉状外，也有粒状的产品；还原染料大多是粉状，但根据还原染料粒度的大小，又分为细粉、超细粉。

染料的颜色，大多与染成的色泽相仿。但碱性染料大都带有闪光，而可溶性还原染料和冰染染料颜色与其显出的色泽完全不同。

二、染料的溶解度

染料能溶于水或其他介质。在一定温度下，染料在100mL水中所能溶解的最大质量，叫作该染料在此温度下的溶解度。

各种染料的结构和性状不同，其溶解度大小有明显区别。活性染料、阳离子染料、酸性染料和碱性染料在水中的溶解度较大，而相比之下直接染料的溶解度稍小。

即使是同一类染料，其溶解度也不完全相同。例如，直接耐晒翠蓝在水中的溶解度就较大，直接耐晒湖蓝5B、6B略小，而直接耐晒黄棕D3G和耐酸枣红的更小。

还原染料不溶于水，其细粉、超细粉能悬浮在水中呈扩散状态。但还原染料可溶于保险粉和烧碱溶液中。硫化染料一般不溶于水，但能溶解在硫化钠溶液中。

能溶于水或其他介质的染料，染色时必须使之完全溶解，溶液澄清。否则，没有溶解的染料黏附在纤维上，明显影响染色效果，不仅会在纤维上形成色斑，而且还对色光和染色强度构成威胁。

三、染料的亲和力

染料的亲和力体现的是染料从染液转移到纤维上的趋势。染料的亲和力大，则染料与纤维两者相互接触时，染料很快被吸附，并与纤维相结合，这对染料在纤维中的渗透与均匀分布不利。除工艺操作因素外，染料对纤维的亲和力显著影响着色的均匀性。

四、染料的强度

染料的强度是一个比较数值或相对数值，是指被检测的样品与它的标准样品（强度定为100%），同时且在同样条件下进行染色比较试验时得出的色泽深浅，即强度的高低。

事故衣物复染处理时，一般会使用染料在衣物上复染得出的色光与强度，与从衣物上取下的样标进行比较，以确定事故衣物染色的强度是否符合质量要求。

应该指出的是，事故衣物复染处理时，染料强度与工艺操作条件及给色量有很大关系。

五、染料的色光

色光，染料在被染物上呈现出的光彩与色调。例如黄色，是带红光的黄色，还是带蓝光的黄色。此外，色光还表明所染成色泽的鲜艳程度（鲜艳还是灰暗）。

色光的评定等级分为五级，即"近似""微""稍""较""显较"。染料产品出厂指标控制在"近似"级或"微"级的为合格产品。

六、染料的牢度

染料的牢度是鉴定染料性能的重要指标。它表示采用染料染色后，各类纤维受外界条件影响时的抵抗能力，或者说衣物不褪色、变色的程度。

染料的牢度主要包括以下内容：

耐洗牢度：衣物水洗后的褪色程度，也可称作耐湿处理牢度；

耐日晒牢度：衣物在日光（日晒）条件下的褪色及变色程度；

耐汗牢度：衣物汗浸后的褪色程度；

耐摩擦牢度：衣物摩擦后的颜色变化程度，细分为干摩擦和湿摩擦；

耐熨烫牢度：衣物熨烫后的变色程度；

耐氯漂牢度：衣物采用次氯酸钠溶液处理后的变色、褪色程度；

耐酸、碱牢度：衣物经酸、碱溶液处理后的变色或褪色程度；

耐缩绒牢度：衣物经缩绒（浓皂液）处理后的变色、褪色程度；

升华牢度：在高温处理时，衣物上的染料因升华作用，由固态转变为气态而脱离衣物纤维的程度。

染料染色牢度的优劣，主要取决于染料的化学结构。诚然，同一种染料在不同质料纤维上染色，或同一类染料但颜色的深浅不同时，其染色牢度存在极大差别。即使同样一个颜色的同一种染料在同样质料的衣物纤维上染色，但是染色工艺条件不同，染料的染色牢度也会有明显不同。

染料品质评定时，除上述染料强度、色光、牢度等主要指标外，还包括水分、细度、熔点、游离硫以及不溶性杂质等项目，此外还要考核染料的匀染性能、扩散性能和上色性能等。合格的染料产品，其各项指标都必须符合国家标准的相关规定。

第五节　纺织纤维的染色过程

纺织纤维的染色是一个复杂的物理、化学过程。探讨纺织纤维的染色过程，将有助于正确地选择染料，采用适宜的机具、设备，合理地进行工艺操作，以达到理想的事故衣物复染救治效果。

纤维的染色过程基本上可分为以下四个阶段。

①染液中的染料分子或离子向纤维表面靠近、扩散；

②染料从染液中被吸附到纤维表面；

③染料从纤维表面向纤维内部渗透、扩散；

④染料在纤维上固着。

在染色过程中，染料的吸附、扩散、渗透、固着是相互影响、交替进行的，故染色染料分子对织物纤维物理作用与化学作用的总效应。

一、染液中染料的扩散与聚集

在染液中，染料分子或离子之间，由于各种引力的作用，发生不同程度的聚集。因此，染液内的染料可能以分子缔合态、离子缔合态、分子离子缔合态、单分子态、离子态等不同的形态存在。

上述各种形态在染液中可以同时存在，在一定的条件下，它们有着一定的动态平衡关系。当纤维浸入染液后，染料分子或离子向纤维靠拢，进而被纤维吸附，使最初建立的平衡被破坏，聚集较大的胶束进一步分散为染料离子。在纤维染色过程中，染液中始终进行着染料分子的扩散、聚集。

在常温和一般浓度下，分子小的染料聚集度小；而分子大的染料，聚集度则较大。若在染液中加大染料的浓度，添加中性盐或匀染剂（平平加），则染料的聚集度增加，有利于缓慢上染；若提高染液温度，增大染液的浴比，则染料的聚集度减小。

二、染料从染液中被吸附到纤维表面

纤维染色时，染料、纤维处于同一染液中，它们彼此之间存在着大小不同的亲和力。若染料分子与纤维间的引力小于与染液介质分子的引力，则染料不易上染；若染料分子与纤维间的引力大于与染液介质分子的引力，则染料分子运动到纤维表面时，就会逐渐被吸附到纤维表面上。

染料分子在纤维表面被吸附后继续运动，既有可能向纤维内部扩散、渗透，又有可能从纤维内部重新回到纤维表面，进而离开纤维重新回到染液之中。纤维染色时，染料的吸附与解吸、渗入与渗出是可逆的。

染料吸附的机理基于纤维表面与染料分子活性基团的相互作用。由于染液中染料的浓度较高，染料在纤维表面的绝对吸附量较大，纤维表面吸附染料的速度要大于从纤维表面解吸的速度。染料在纤维表面的积聚过程，一直持续到纤维表面的染料浓度与染液中的染料浓度之间达到平衡状态为止。

染料吸附到纤维表面的过程所需的时间不长，它与染料对纤维的亲和力、染液浓度、电解质及其他助剂的合理选用密切相关。

三、染料从纤维表面向纤维内部渗透、扩散

染色开始时，纤维表面和内部的染料浓度都很低。随着纤维表面染料吸附量的增大，其染料浓度逐渐增加，因此，染料会自然而然地从浓度高的纤维表面向浓度低的纤维内部扩散，从而使原来的平衡被破坏。染液中的染料不断地被吸附到纤维表面，直至纤维上的染料浓度与染液中的染料浓度达到动态平衡；而纤维表面的染料不断地向纤维内部渗透、扩散，使纤维表面与纤维内部的染料浓度也达到动态平衡。此时，染色过程已完成染料的渗透、扩散。

在染色过程中，提高染液温度，能促使染料从纤维表面向较深的纤维内部扩散、渗透，从而使纤维内部的染料分布更加均匀。将染料溶液与被染织物一起搅拌，也能促进染料在纤维中的吸附与均匀分布。

四、染料在纤维上固着

染料与纤维的结合、固着并不是待渗透完毕才开始的，染料在纤维上的固着与其扩散、渗透几乎是同时进行的。

染料在纤维上的固着原理比较复杂，不同染料、不同纤维，它们之间的固着原理各不相同。一般来说，染料与各类纤维相互作用，形成了不同的分子间键。这些分子间键，有些是由染料与纤维发生化学反应形成的，而有些是纤维分子与染料分子之间发生物理化学作用力的体现。

离子键：由染料和被染纤维带有相反电荷的离子互相吸引而形成。静电引力作用使染料与纤维更加靠近，参与反应的极性基团达到更近的距离，这样才能更有利于染料分子的吸附、渗透和固着。

范德华力：分子间相互的吸引力。它的大小取决于分子的结构和形态，并与它们之间的接触面有关。这种吸引力尽管很弱，但存在于各类纤维与染料分子间，数量很大，结合点多，因而能增加染料和纤维之间的牢固性。

共价键：由原子间共有一对电子对而形成。染料与纤维之间的共价键很牢固，因而保证了染色的耐干擦和耐湿擦牢度。

氢键：在带有负电荷的原子之间形成，其中只要有一个原子有游离电子对即

可。氢键是化学键中比较特殊的键，能产生一种特殊形式的分子间吸引力，它比一般分子间吸引力要强大十倍左右。氢键的存在，或多或少地使染料与纤维的结合更加牢固。

除此之外，染料和被染纤维之间形成的配位键也很牢固，这对提高染色的耐干、湿擦牢度大有裨益。

实际上，染料在纤维上的固着，是各种物理、化学作用共同存在的结果。

第六节　事故服装染色救治常用商品染料简介

为便于读者朋友们熟悉、了解事故服装染色救治常用染料的性状、特点和主要用途，现将各类常用染料的典型商品介绍如下。

一、直接染料常用商品染料

1. 直接桃红12B

性状：红棕色粉末。溶于水后溶液呈蓝光红色，微溶于乙醇呈红光橘黄色，不溶于其他有机溶剂。其水溶液遇浓盐酸生成枣红色沉淀，遇浓烧碱溶液呈橘棕色。

用途：主要用于棉、麻、黏胶等纤维素纤维织物的染色，也可用于丝纤维及其他织物的染色。染色浴液在40～60℃时亲和力最大。

2. 直接橙S

性状：金黄色粉末。溶于水后溶液呈红光橘棕色，溶于乙醇呈金黄色。其水溶液遇浓盐酸生成红色沉淀，遇浓烧碱溶液呈橘棕色。

用途：主要用于棉、麻、黏胶等纤维素纤维织物的染色，也可用于丝纤维、锦纶及黏/棉混纺织物的染色。染色浴液在60～80℃时亲和力最大。

3. 直接耐酸大红4BS

性状：紫红色粉末。溶于水后溶液呈红色，微溶于乙醇呈橘黄色。其水溶液遇浓盐酸生成酒红色沉淀，遇浓烧碱溶液呈红光橘棕色。

用途：主要用于棉、麻、黏胶等纤维素纤维织物的染色，也可用于丝纤维及其他织物的染色。染色浴液在80～100℃时亲和力最大。

4. 直接耐晒嫩黄5GL

性状：淡黄色粉末。溶于水后溶液呈柠檬黄色，极微溶于乙醇，不溶于其他有机溶剂。其水溶液遇浓盐酸或浓烧碱溶液生成金黄色沉淀。

用途：主要用于棉、麻、黏胶等纤维素纤维织物的染色，也可用于丝纤维、羊毛、锦纶及其混纺织物的染色。染色浴液在25～40℃时亲和力最大。

5. 直接冻黄G

性状：深黄色均匀粉末。溶于热水呈黄色或金黄色，稍溶于乙醇呈柠檬黄色。将1g染料溶解在50mL水中，当$T \leqslant 15℃$时，即呈胶冻状，故名冻黄。

用途：主要用于棉、麻、黏胶等纤维素纤维织物的染色，也可用于丝纤维、锦纶及其混纺织物的染色。染色浴液在40℃时亲和力最大。

6. 直接绿ND

性状：灰色粉末。溶于水，微溶于乙醇，不溶于其他有机溶剂。

用途：主要用于棉、黏胶、真丝等纤维织物的染色，也可用于黏/锦与黏/毛混纺织物的染色。

7. 直接耐晒翠蓝GL（直接耐晒宝石蓝）

性状：蓝灰色至蓝色粉末。溶于水后溶液呈湖蓝色，遇浓硫酸呈黄光绿色。

用途：主要用于棉、黏胶等纤维素纤维织物的染色，也可用于丝纤维织物的染色。

8. 直接湖蓝5B

性状：蓝色粉末。易溶于水，水溶液呈红光蓝色，不溶于有机溶剂。其水溶液遇浓盐酸生成红光蓝色沉淀，遇浓烧碱溶液生成紫色沉淀。

用途：主要用于棉、黏胶等纤维素纤维织物的染色，染色浴液在80～100℃时亲和力最大。

9. 直接耐晒蓝B2RL

性状：蓝灰色粉末。溶于水后溶液呈蓝色，极微溶于乙醇，不溶于其他有机溶剂。其水溶液遇浓盐酸生成蓝色沉淀，遇浓烧碱溶液则生成紫色沉淀。

用途：主要用于棉、麻、黏胶等纤维素纤维织物的染色，也可用于丝纤维、锦纶及黏/锦混纺织物的染色。染色浴液在80～100℃时亲和力最大。

10. 直接耐晒灰D

性状：棕黑色粉末。溶于水后溶液呈紫黑色，溶于乙醇呈灰紫色。其水溶液遇浓盐酸生成深棕色沉淀，遇浓烧碱溶液则生成灰紫色沉淀。

用途：主要用于棉、麻、黏胶等纤维素纤维织物的染色，也可用于丝纤维、锦纶及其混纺织物的染色。染色浴液在40～80℃时亲和力最大。

11. 直接耐晒黑G

性状：黑色粉末。溶于水后溶液呈绿光黑色，微溶于乙醇。其水溶液遇浓烧碱溶液呈绿光蓝色。

用途：主要用于棉、黏胶等纤维素纤维织物的染色，也可用于丝纤维织物的染色。

12. 直接深棕NM

性状：棕褐色粉末。溶于水、乙醇，不溶于其他有机溶剂。

用途：主要用于棉、黏胶、真丝、毛/黏、黏/锦等混纺纤维织物的染色。

13. 直接铜盐蓝2R（直接藏青B）

性状：蓝黑色粉末。溶于水呈蓝光青色，溶于乙醇呈红紫色。其水溶液遇浓盐酸生成紫色沉淀，遇浓烧碱溶液呈紫色至酒红色。

用途：主要用于棉、麻、黏胶等纤维素纤维织物的染色，也可用于黏/棉混纺织物的染色。染色浴液在100℃时亲和力最大。染色时用硫酸铜进行后处理能提高耐晒牢度；用甲醛进行后处理能提高其耐水洗牢度。

二、活性染料常用商品染料

1. 活性艳红X-3B

性状：枣红色粉末。20℃时的溶解度为80g/L。

用途：用于棉、麻、丝、毛、黏胶以及锦纶纤维织物的染色。

2. 活性艳橙X-GN

性状：橙色粉末。50℃时的溶解度≥100g/L。能在20～40℃的碱性介质中对纤维染色。耐碱性水解，不耐酸性水解。

用途：用于棉、真丝和黏胶纤维织物的染色。

3. 活性黄X-R

性状：深黄色粉末。50℃时的溶解度为40g/L。可在较低温度下染色及固色，适宜冷染。能在20～40℃的碱性介质中对纤维进行固色。耐碱性水解，不耐酸性水解。

用途：用于棉、麻、丝、黏胶、锦纶以及羊毛纤维织物的染色。

4. 活性嫩黄X-6G

性状：黄色粉末。50℃时的溶解度≥100g/L。可在较低温度下固色，适宜冷染。耐碱性水解，不耐酸性水解。

用途：用于棉、人造棉、丝绸、锦纶及羊毛等纤维织物的染色。

5. 活性艳蓝X BR

性状：绿光蓝色粉末。可在20～40℃的碱性介质中对纤维进行固色。亲和力小，稳定性较差。耐碱性水解，不耐酸性水解。

用途：用于棉、麻、丝、黏胶以及锦纶纤维织物的染色。

6. 活性红紫X-2R（活性青莲2R）

性状：灰紫色粉末。50℃时的溶解度为30g/L。

用途：用于棉、麻、丝、黏胶以及锦纶纤维织物的染色。

7. 活性黄KD-3G

性状：褐黄色均匀粉末。50℃时的溶解度为25g/L。

用途：用于棉、麻、丝、黏胶以及锦纶纤维织物的染色。

8. 活性翠蓝KN-G

性状：蓝色粉末。50℃时的溶解度为40～50g/L。固色率为60%～70%。

用途：用于棉、麻、丝、黏胶以及锦纶纤维织物的染色。

9. 活性艳蓝KN-R

性状：深蓝色粉末。50℃时的溶解度为40 ～ 50g/L。固色率为60% ～ 70%。

用途：用于棉、麻、丝、黏胶以及锦纶纤维织物的染色。

10. 活性艳橙K-2GN

性状：橙色粉末。50℃时的溶解度为60g/L。需在较高温度下和较强碱剂中固色，对纤维亲和力较大，易染深色。

用途：用于棉和黏胶纤维织物的染色。

11. 活性黑K-BR

性状：黑色粉末。50℃时的溶解度≥20g/L。

用途：用于棉、麻、丝、黏胶以及锦纶纤维织物的染色。

12. 活性艳红K-2BP

性状：紫红色均匀粉末。50℃时的溶解度为100g/L。需在较高温度下和较强碱剂中固色，对纤维亲和力较大，易染深色。遇稀酸呈红色，遇稀碱（氢氧化钠）呈大红色。

用途：用于棉、麻和黏胶等纤维织物的染色。

13. 活性艳蓝K-GR

性状：蓝光深灰色粉末。需在较高温度下和较强碱剂中固色，对纤维亲和力较大，易染深色。固色率为60% ～ 90%。

用途：用于棉、麻、丝、黏胶以及锦纶纤维织物的染色。

三、硫化染料常用商品染料

1. 硫化蓝BN、BRN、RN

性状：蓝紫色粉末。不溶于水和乙醇，溶于硫化钠溶液呈绿灰色。遇浓硫酸呈蓝紫色，稀释后产生深蓝色沉淀。

用途：主要用于棉纤维织物的染色，还可上染维/棉混纺织物。

2. 硫化宝蓝CV（硫化蓝CV、硫化蓝3G）

性状：蓝灰色粉末。微溶于水，溶于硫化钠溶液呈橄榄色。遇浓硫酸呈深蓝色，稀释后生成深蓝色沉淀。

用途：主要用于棉、麻、黏胶纤维织物染色。

3. 硫化红棕B3R（硫化红酱3B）

性状：紫褐色粉末。微溶于水，溶于硫化钠溶液呈红棕色至棕色。遇浓硫酸呈暗蓝紫色，稀释后生成棕色沉淀。

用途：主要用于棉纤维织物染色，还可染维/棉混纺织物。

4. 硫化黑BRN（硫化黑RN、B2RN、BN，别名硫化元、硫化青）

性状：黑色均匀粉末。不溶于水和乙醇，溶于硫化钠溶液呈绿黑色；溶液中加入烧碱后色泽泛蓝；加入盐酸生成绿黑色沉淀。

用途：主要用于棉纤维织物染色，还可染维/棉混纺织物。

四、还原染料常用商品染料

1. 还原蓝RSN

性状：深蓝色粉末。不溶于水、醋酸和乙醇，在碱性保险粉溶液中为蓝色，在酸性溶液中为红光蓝色，在浓硫酸中为棕色，稀释后生成蓝色沉淀。

用途：广泛用于纤维素纤维织物的染色，也可染锦纶、维纶纤维织物。

2. 还原绿FFB

性状：深绿色粉末。不溶于水和乙醇，在碱性保险粉溶液中呈蓝色，在酸性溶液中呈艳红色，在浓硫酸中呈红光紫色，稀释后生成绿色沉淀。

用途：广泛用于棉纤维织物染色，也可与还原黄GCN拼成果绿色。

五、酸性染料常用商品染料

1. 酸性蛋黄G（酸性嫩黄G）

性状：黄色粉末。易溶于水，溶于乙醇呈黄色，不溶于其他有机溶剂，遇酸呈黄色。染色时，遇铜色泽较红，遇铁色泽转暗。

用途：主要用于毛纤维织物染色，尤其适宜上染中、浅鲜艳的绿、棕等。丝纤维可在醋酸浴中染色，锦纶纤维可在甲酸浴中染色。

可与其他酸性染料拼配成各种颜色。

2. 酸性橙Ⅱ（酸性金黄Ⅱ）

性状：金黄色粉末。溶于水呈红光黄色，溶于乙醇呈橙色，在浓硫酸中为品红色，将其稀释后生成棕黄色沉淀。其水溶液添加盐酸后生成棕黄色沉淀，添加氢氧化钠溶液后呈深棕色。染色时遇铜离子色泽趋向红暗，遇铁离子色泽变浅且暗淡。

用途：主要用于蚕丝、羊毛织品的染色，在甲酸浴中可染锦纶，可在毛、丝、锦纶上直接印花。

3. 酸性红B（酸性紫红、酸性枣红）

性状：暗红色粉末。溶于水呈蓝光红色，溶于乙醇呈红色。遇浓硫酸呈紫色，将其稀释后生成品红色沉淀。其水溶液遇浓盐酸呈红色，遇氢氧化钠溶液呈泛红光的橙棕色。染色时遇铜离子色泽略暗。

用途：主要用于毛纤维织物的染色，用铬盐媒染后为藏青色，可与酸性湖蓝A拼配成酸性媒介深蓝AGLO。

4. 酸性大红G（酸性红G）

性状：红色粉末。溶于水呈大红色，微溶于乙醇，不溶于其他有机溶剂。遇浓硫酸呈泛蓝光的红色，稀释后呈较黄的红色。遇浓盐酸生成红色沉淀，稀释后即溶解。其水溶液遇浓盐酸呈红色，遇烧碱溶液呈橘棕色。染色时遇铜离子色泽发蓝变暗，遇铁离子色泽发蓝变浅。

用途：主要用于毛纤维织物的染色，适宜上染浅、中色。

5. 酸性大红GR（酸性朱红105、酸性大红105）

性状：黄光红色粉末。溶于水呈红色，能溶于乙醇，不溶于其他有机溶剂。遇浓硫酸呈红紫色，稀释后生成红棕色沉淀。其水溶液遇浓盐酸生成暗红棕色沉淀，遇氢氧化钠溶液生成深棕色沉淀。染色时遇铜离子、铁离子色泽均较暗淡。

用途：主要用于丝、毛纤维织物的染色。

6. 酸性湖蓝A（A字湖蓝）

性状：蓝色粉末。溶于水或乙醇均呈蓝色，遇浓硫酸呈橄榄色，稀释后呈黄色。其水溶液加烧碱后，在沸腾时由蓝转变为紫色。染色时遇铜离子、铁离子色泽变绿发暗。

用途：主要用于毛纤维、丝纤维、锦纶纤维织物的染色，还可以与酸性红B拼配成酸性媒介深蓝AGLO染料。

7. 酸性黑ATT（酸性毛元ATT）

性状：红棕色粉末。溶于水呈黑色。遇浓硫酸呈泛红光的藏青色，遇浓硝酸呈红棕色，遇浓氨水呈蓝黑色。

在弱酸性染浴中染羊毛纤维织物时，若酸用量不到位，温度控制不好，或时间不够，则很难获得乌黑纯正的黑色。

用途：主要用于羊毛、锦纶纤维及其混纺织物的染色。

8. 弱酸性嫩黄C（弱酸性黄G）

性状：淡黄色粉末。溶于水。染色时遇铜离子色泽发绿变暗，遇铬、铁离子后颜色均有变化。这种染料对丝纤维的染色牢度比毛纤维略差。

用途：主要用于毛纤维、丝纤维和锦纶纤维织物的染色，还可与直接染料同浴上染毛/黏混纺织物。

9. 弱酸性艳绿GS（酸性媒介绿GS、酸性蒽醌绿GL）

性状：绿色粉末。可溶于邻氯苯酚，微溶于乙醇。在浓酸中为暗蓝色，稀释后呈翠绿色。

用途：主要用于羊毛、丝纤维、锦纶纤维及其混纺织物的染色。

10. 弱酸性深蓝GR（弱酸藏青GR、酸性藏青GR）

性状：深紫棕色粉末。溶于水呈紫色，溶于乙醇呈深蓝色。遇浓硫酸呈深蓝色，稀释后呈绿光蓝色。其水溶液遇浓盐酸生成暗蓝色沉淀，遇浓烧碱溶液呈酱红色。染色时遇铁离子、铜离子色泽发暗。

用途：主要用于毛纤维、丝纤维和锦纶纤维织物的染色，还可与直接染料同浴上染毛/黏混纺纤维织物。

11. 弱酸性黑BR（酸性黑3B、酸性黑B）

性状：蓝黑色粉末。溶于水呈红光蓝至黑色，溶于乙醇呈藏青色，微溶于丙酮，不溶于其他溶剂。遇浓硫酸呈灰蓝至黑色，将其稀释后呈暗绿光蓝色，遇浓硝酸呈红光棕色然后转为黄色。其水溶液遇浓盐酸呈绿光蓝色，遇氢氧化钠溶液呈枣红色。染色时遇铜离子色泽发绿较暗，遇铁离子也较暗淡。

用途：用于毛纤维织物的染色，特别适用于粗毛制品及毛/黏混纺织物和丝纤维、锦纶纤维织物的染色。

12. 弱酸深蓝5R（酸性藏青5R）

性状：绿光黑色粉末。溶于水后呈紫色，溶于乙醇呈紫蓝色，微溶于丙酮，不溶于其他有机溶剂。遇浓硫酸呈暗绿光蓝色，将其稀释后呈深绿光蓝色至灰紫色，遇浓硝酸呈橘棕色。其水溶液遇浓盐酸呈紫红色，遇浓氢氧化钠溶液呈枣红色。染色时若遇铜离子颜色稍有变化，遇铁离子颜色略浅。

用途：主要用于毛纤维、丝纤维和锦纶纤维织物的染色，还可与直接染料同浴上染毛/黏混纺纤维织物。

六、碱性染料常用商品染料

1. 碱性嫩黄O（盐基淡黄O、盐基槐黄）

性状：黄色均匀粉末。溶于水和乙醇，溶于热水呈亮黄色，溶于乙醇呈黄色。其水溶液超过70℃时易分解；加入浓硫酸后无色，稀释后呈淡黄色。

用途：用于醋酸纤维织物染色或媒染棉，也可用于麻纤维和黏胶纤维的染色，或用来拼配绿色等。色彩鲜艳，但牢度较低。

2. 碱性玫瑰精B（盐基玫瑰精B、粉红精）

性状：亮绿色闪光细小结晶状粉末。溶于水或乙醇呈带荧光的蓝光红色，遇浓硫酸呈黄光棕色并带有强绿色荧光，稀释后呈猩红色，后转为蓝光红色或橙色，其水溶液在加热情况下遇浓烧碱溶液生成玫瑰红绒毛沉淀。

用途：用于麻纤维、丝纤维、腈纶纤维织物的染色。

3. 碱性艳蓝BO（盐基品蓝BOC、盐基品蓝BO）

性状：闪金光棕色膏状物。微溶于冷水，溶于热水或乙醇呈蓝色。遇浓硫酸呈棕黄色，稀释后呈红光黄色，其水溶液遇氢氧化钠溶液呈红棕色。

用途：用于棉纤维、丝纤维、腈纶纤维织物的染色。

4. 碱性湖蓝BB（盐基湖蓝BB、亚甲基天蓝）

性状：金红色闪金光或闪古铜色的粉末。溶于水，稍溶于乙醇呈蓝色。遇浓硫酸呈黄光绿色，稀释后呈蓝色。其水溶液遇氢氧化钠溶液生成紫色或暗紫色沉淀。

用途：用于麻纤维和丝纤维的染色。

5. 碱性橙（盐基金黄、盐基杏黄块）

性状：闪光棕红色结晶块或砂状物。溶于水呈黄光橙色，溶于乙醇。遇浓硫酸呈黄色，稀释后呈橙色。

用途：用于棉纤维、丝纤维和腈纶纤维织物的染色。

6. 碱性紫5BN（盐基青莲、甲基紫）

性状：暗绿色闪光均匀粉末或小块。溶于水或乙醇呈紫色。遇浓硫酸呈红黄色，稀释后呈暗绿光黄色，然后转变为蓝色和紫色。其水溶液遇氢氧化钠溶液生成紫色沉淀。

用途：适用于麻纤维、丝纤维、腈纶纤维织物的染色。

7. 碱性绿（基品绿、孔雀绿）

性状：绿色闪光结晶。溶于水和乙醇呈蓝绿色。遇浓硫酸呈黄色，稀释后呈暗橙色。其水溶液遇氢氧化钠溶液生成微带绿光的白色沉淀。

用途：用于麻纤维、丝纤维和腈纶纤维织物的染色。

七、中性染料常用商品染料

1. 中性深黄GL（中性黄FGL）

性状：黄褐色均匀粉末。可溶于水，水溶液微呈胶体状态。当高浓度染液的温度下降时，会呈现闪光的染料微粒。

用途：适用于毛纤维、丝纤维、锦纶纤维、维纶纤维以及维/棉、毛/黏混纺织物的染色。

2. 中性橙RL

性状：橙色均匀粉末。可溶于水，水溶液微呈胶体状态。当高浓度染液的温度下降时，会呈现闪光的染料微粒。

用途：适用于毛纤维、丝纤维、锦纶纤维、维纶纤维以及维/棉、毛/黏混纺织物的染色。

3. 中性桃红BL（中性红BL）

性状：枣红色至紫红色的均匀粉末。可溶于水，水溶液微呈胶体状态。当高浓度染液的温度下降时，会呈现闪光的染料微粒。

用途：适用于毛纤维、丝纤维和锦纶纤维织物的染色。

4. 中性蓝BNL

性状：蓝色或蓝灰色均匀粉末。可溶于水，水溶液微呈胶体状态。当高浓度染液的温度下降时，会呈现闪光的染料微粒。

用途：适用于毛纤维、丝纤维、锦纶纤维、维纶纤维以及维/棉、毛/黏等混纺织物的染色。

5. 中性灰2BL

性状：蓝黑色均匀粉末。可溶于水，水溶液微呈胶体状态。当高浓度染液的温度下降时，会呈现闪光的染料微粒。

用途：适用于毛纤维、丝纤维、维纶纤维及其混纺织物的染色。

6. 中性黑BL

性状：黑色均匀粉末。可溶于水，水溶液微呈胶体状态。当高浓度染液的温度下降时，会呈现闪光的染料微粒。

用途：适用于毛纤维、丝纤维、锦纶纤维、维纶纤维以及维/棉、毛/黏等混纺织物的染色。

八、分散染料常用商品染料

1. 分散红3B

性状：紫红色粉末。溶于四氢化萘和二甲苯。

用途：用于涤纶及其混纺织物的染色，也可用于醋酸纤维和锦纶纤维织物的染色。可与分散蓝2BLN、分散黄RGFL相互拼配颜色。

2. 分散黄RGFL

性状：黄色粉末。在浓硫酸中呈紫色，稀释后生成棕红色沉淀。在10%的氢氧化钠溶液中呈橙色。

用途：用于涤纶及其混纺织物的染色，也可用于醋酸纤维和锦纶纤维织物的染色。可与分散蓝2BLN、分散红3B相互拼配颜色。

3. 分散蓝2BLN

性状：深蓝色粉末。溶于乙醇、丙酮等有机溶剂。

用途：用于涤纶及其混纺织物的染色，也可用于醋酸纤维和锦纶纤维织物的染色。可与分散红3B、分散黄RGFL相互拼配颜色。

九、阳离子染料常用商品染料

1. 阳离子红2GL

性状：暗红色均匀粉末。具有上佳的耐晒和各项湿处理牢度以及优良的抗污染性能。对棉纤维、毛纤维污染极微。配伍值为1.5。

用途：用于腈纶及其混纺织物的染色。

2. 阳离子红X-GRL

性状：暗红色均匀粉末。具有上佳的耐晒和各项湿处理牢度以及优良的抗污染性能。对棉纤维、毛纤维基本不产生污染。配伍值为3.5。

用途：用于腈纶及其混纺织物的染色。

3. 阳离子嫩黄TGL

性状：浅黄色均匀粉末。具有上佳的耐晒和各项湿处理牢度以及优良的抗污染性能。对棉纤维、毛纤维污染极微。配伍值为1.5。

用途：用于腈纶及其混纺织物的染色。

4. 阳离子黄X-6G

性状：橘黄色均匀粉末。具有上佳的耐晒和各项湿处理牢度以及优良的抗污染性能。对棉纤维、毛纤维污染极微。配伍值为3.5。

用途：用于腈纶及其混纺织物的染色。

5. 阳离子艳蓝RL

性状：蓝绿色均匀粉末。具有上佳的耐晒和各项湿处理牢度。对棉纤维、毛纤维有一定的亲和力，但易产生沾污。配伍值为1.5。

用途：用于腈纶及其混纺织物的染色。

6. 阳离子蓝X-GRRL

性状：蓝绿色均匀粉末。具有优良的耐晒和各项湿处理牢度。应用于浅色时为略带红光的亮蓝色，应用于深色时则为浓艳的藏青色。对棉纤维、毛纤维有一定的亲和力，但易产生沾污。配伍值为3.5。

用途：用于腈纶及其混纺织物的染色。

第七节 染料的保管与贮存

染料是结构、性能较为复杂的高分子化合物。染料的来源不同，加工生产的工艺方法不同；不同的染料不仅外观形态、性状不同，其物理、化学性能也有很大区别。

染料的外观有多种形态。既有粉状、超细粉状、粒状，也有浆状、晶体、块状等。即使是同系列产品，也有不同形态之分。

不同类别、不同品种的染料，其性能也存在极大差异。有的染料易分解、变质；有的染料易沉淀、凝聚；有的染料怕光、怕热；有的染料则怕冷或怕低温；

有的染料甚至可自燃。

例如，某些粉状染料吸湿性强，易吸收空气中的水分而受潮、结块，不仅品质下降，甚至水解、变质、不能使用。

某些染料露置在空气中时，易与空气中的氧气发生作用，引起氧化、分解、变质，失去效能；某些染料遇热或与其他有机物接触时，能引起自燃。

大多数染料宜常温、避光保存，特别是浆状染料。在温度较低的条件下，浆状染料易受冻、结块，染料颗粒凝聚增大，影响使用。浆状染料若存放时间过久，还会出现沉淀、结块或变稠等现象。

为确保各种染料充分发挥其应有的效能，必须关注染料的保管与贮存。下面介绍典型染料的保管、贮存方法及其注意事项。

一、直接染料的保管与贮存

直接染料大多为粉状，稳定性一般，但容易吸收空气中的水分，受潮、结块，品质下降。

直接染料遇其他化学药剂时易分解、变质，故保管、贮存时应注意包装的完整性与密封性，并与氧化剂、还原剂隔离存放，贮存在阴凉、干燥、通风的环境中，防止日晒、雨淋。

二、活性染料的保管与贮存

各种类型的活性染料均为粉末较细的粉状，稳定性较差。由于活性染料分子结构上的活性基团比较活泼，在温度较高、湿度较大的环境条件下，其活性基团会加速水解、变质，从而造成染料性能大幅度下降。

此外，贮存时间过长也会引起这类染料的分解、变质，因而是一种较难保管的染色材料。其保管、贮存过程中，应高度关注环境的温度和湿度，注意包装的完整性和密封性能，贮存在阴凉、干燥、通风的环境中，防止日晒、雨淋，且不宜长期存放。

三、硫化染料的保管与贮存

硫化染料一般多为粉状，容易吸收空气中的水分而潮解、结块，导致品质下降；个别品种遇热或与其他有机物接触时，可能引起自燃，因而稳定性较差。

这类染料在保管、贮存过程中，要格外注意防热、防潮，防止与其他有机物接触并远离火种；贮存在阴凉、干燥、通风的环境中，防止日晒、雨淋。

四、还原染料的保管与贮存

还原染料可分为粉状、超细粉状、浆状等多种形态。

粉状还原染料除具有一定的可燃性之外，相比之下，其性能较稳定。而浆状还原染料则因含有一定量的水和一定比例的染色助剂（如扩散剂等），存放时间过长或遇冻时，会出现沉淀，扩散剂析出而变稠、结块等现象，影响产品质量和染色效果。

浆状还原染料出现沉淀时，搅拌使其均匀后可继续使用；但若因扩散剂析出导致染料变稠、结块，则很难通过搅拌均匀恢复原状。

这类染料在保管、贮存过程中，除注意防热、防潮，防止与其他有机物接触并远离火种，贮存在阴凉、干燥、通风的环境中，防止日晒、雨淋外，浆状还原染料还要注意防冻，注意包装的完整性，防止渗漏，且不宜存放过久。

五、硫化还原染料的保管与贮存

硫化还原染料均为粉状，性质比硫化染料更为稳定，其保管、贮存可参照粉状还原染料进行。

六、酸性染料的保管与贮存

和直接染料相似，大多酸性染料亦为粉状，稳定性一般，也容易吸收空气中的水分，受潮、结块，品质下降。

常用酸性染料遇碱时影响使用，遇还原剂时会脱色，故保管、贮存过程中应远离碱剂和还原剂，应注意包装的完整性与密封性，贮存在阴凉、干燥、通风的环境中，防止日晒、雨淋。

其他酸性类染料，如酸性络合染料、中性染料、酸性媒介染料等，性能一般与酸性染料基本相同，只是酸性媒介染料对酸、碱均高度敏感，遇酸、碱极易变色，在空气中更易氧化、结块，所以，这类染料保管、贮存时更应格外小心。

七、碱性染料的保管与贮存

碱性染料多为结晶形粉状或块状，贮存性能较一般染料稳定，但块状产品遇热变形，部分产品遇氧化剂、还原剂或碱剂还会分解、变色，保管贮存时应远离氧化剂、还原剂、碱剂等化学药剂。

由于染料属于阳离子类型产品，极易吸附于物体表面，其飞扬的粉末易造成污染，因此保管、贮存时应注意包装的完整性与密封性，并与其他染料隔离存放。

和其他染料一样，这类染料也应贮存在阴凉、干燥、通风的环境中，防止日晒、雨淋。

八、分散染料的保管与贮存

商品分散染料多为含有分散剂的微细颗粒状或浆状产品，贮存稳定性较好。

由于含有分散剂和一定量的水，浆状产品保管、贮存过程中应注意其包装的完整性和密封性。此外，为避免浆状分散染料出现沉淀等现象，应注意防冻和防止贮存时间过长。

分散染料保管、贮存时的其他注意事项可参照还原染料。

第四章 事故衣物染色救治常用助剂

带有色泽事故的服装进行复染救治（包括前处理及后处理）的过程中，常常需要采用多种化工材料，依靠其软化水质、助溶、渗透、助染、促染、缓染、还原、氧化、扩散、固色等作用，改善染色工艺条件，增强织物复染救治效果。

第一节 纺织品染色常用助剂的种类

事故衣物染色救治时，常用助剂不仅种类繁多，而且每种助剂都具有多种用途。为方便起见，人们以事故衣物染色救治时的主要用途冠称，按其性能、用途的不同，概括地分为以下几类。

一、表面活性剂

事故衣物的染色救治，是一个湿处理过程。在此过程中，要用到表面活性剂。衣物质料不同，所需染料不同，染色的操作工艺不同，所使用的表面活性剂品种也不同。按照表面活性剂的化学结构和离解性能，可将其分为以下四种类型。

1. 阴离子表面活性剂

活性剂在水中离解后，具有活性的部分带阴电荷，故称为阴离子表面活性剂。

阴离子表面活性剂与纤维素纤维的结合能力很弱，但在弱酸性溶液中与蛋白质纤维的结合能力较强。由于这类活性剂会与阳离子型染料或阳离子型表面活性剂作用产生沉淀，故不宜同时使用。

阴离子表面活性剂的润湿、洗涤能力较强，但对硬水和酸的稳定性较差，最好在中性或碱性的软水浴中使用。

阴离子表面活性剂易与金属离子生成不溶性盐，因此不能与金属媒染物同时使用。

事故衣物染色救治时，常用的典型产品有润湿剂硫酸化蓖麻油（土耳其红油、太古油）、渗透剂 JFC、扩散剂 NNO 等。

2. 阳离子表面活性剂

活性剂在水中离解后，具有活性的部分带阳电荷，故称为阳离子表面活性剂。

阳离子表面活性剂的性能与阴离子表面活性剂相反，耐酸和硬水，但对碱的稳定性差。

和阴离子表面活性剂一样，阳离子表面活性剂会与阴离子型染料或阴离子型表面活性剂作用产生沉淀，故不宜同时使用。

阳离子表面活性剂具有的强烈表面吸附作用，使它得到了广泛应用，如杀菌剂、消毒防腐剂、纤维柔软抗静电剂、防水剂、固色剂等。

事故衣物染色救治时，常用的典型产品有固色剂 M、固色剂 Y 等。

3. 非离子表面活性剂

活性剂在水中不离解，因此不会形成带电荷的离子，故称之为非离子表面活性剂。

非离子表面活性剂，是目前产量仅次于阴离子表面活性剂的另一种重要的表面活性剂。和阴离子表面活性剂相比，尽管其价格较高，但性能优越，用途越来越广泛。

非离子表面活性剂不受酸、碱、盐、硬水以及金属离子的影响，也不与织物纤维发生任何作用，并且可以和阴离子表面活性剂或阳离子表面活性剂同浴使用。

非离子表面活性剂种类繁多，事故衣物染色救治时常用的非离子表面活性剂多为聚氧乙烯型。它是由含有活泼氢的疏水化合物（如脂肪醇、烷基酚等），与多个环氧乙烷加成的含有聚氧乙烯基的化合物，是非离子表面活性剂中品种最多、产量最大、应用最广泛的一类。

事故衣物染色救治时常用的典型产品有匀染剂O、乳化剂OP、渗透剂JFC等。

4. 两性离子表面活性剂

两性离子表面活性剂分子中的亲水基既有阴离子部分，又有阳离子部分。在碱性条件下，它的性能接近阴离子表面活性剂；而在酸性时，它的性能又接近阳离子表面活性剂。这种既不同于阴离子表面活性剂，又不同于阳离子表面活性剂的特殊分子结构，使其具有许多优异的性能。

两性离子表面活性剂具有良好的去污、起泡和乳化能力，耐硬水性能好，对酸、碱和各种金属离子都比较稳定，具有出色的柔软、抗静电性能，特别是它的极低毒性和对黏膜、皮肤的无刺激性及良好的生物降解性，使其在日用化学品中得到了广泛应用。

但在事故衣物染色救治时，两性离子表面活性剂用量较少。

二、氧化剂

在对带有色泽事故的衣物进行染色救治时，常常需要对其进行前处理，剥色（漂白）即一项重要的工艺操作。

常用漂白剂有多种。按其分子结构和漂白机理，一般分为两大类，即氧化漂白和还原漂白。

氧化漂白是利用氧化剂在分解过程中释放出的活性氧，来实现对织物的漂白的。

氧化剂不仅应用于织物的剥色处理，在采用某些染料（如还原染料）对织物进行复染处理时，也常需要氧化剂，以使上染到织物上的染料隐色体显色。

在对带有色泽事故的衣物进行染色救治时，常用的氧化剂有次氯酸钠、高锰酸钾、过氧化氢、过硼酸钠等。

三、还原剂

如前所述，某些织物漂白时，有时也需要使用还原剂。此外，在对某些带有色泽事故的衣物进行染色救治前处理（剥色）时，常用的化学药剂也包括还原剂。

已知，各类衣物在清洗处理过程中，由于多种原因，有时会出现局部"咬色"现象。这类衣物在进行复染救治前，常采用某种还原剂对衣物进行"剥色处理"，以确保复染救治后的衣物色泽更加均匀。

在对带有色泽事故的衣物进行染色救治时，也会用到还原剂，例如，当采用某些具有还原性能的染料时，由于这类染料不能直接溶于水，必须经还原剂还原，成为可溶性隐色体后，才能溶于碱性溶液进而被织物纤维吸收而上染颜色。

常用的还原剂有保险粉等。

四、润湿剂

润湿剂可使被染织物纤维加速膨胀，从而使染料更好地渗入纤维内部，使被染织物染上更为丰满、坚牢颜色。

常用的润湿剂有硫酸化蓖麻油等。

五、促染剂

某些染料与织物纤维的直接性能较差，上染率低，染液中加入促染剂（食盐、元明粉）等染色助剂之后，能增加染液中染料的溶解度和聚集度，可在被染织物纤维周围形成高浓度的微型染浴，大大提高染料与织物纤维的直接性，提高染料的上染速度。

六、缓染剂

缓染剂与促染剂的作用相反。某些织物纤维采用某种染料染色时，由于上染速度过快，容易造成染色不均匀。加入缓染剂则可以降低染料的上染速度。例如，采用还原染料等实施染色时，常采用匀染剂平平加O等。

七、分散剂

织物染色时首先需要将染料溶解、分散在染液中。为避免染料粒子在染液中聚集，确保其均匀分散在染液中，采用某些染料染色时，常在染液中添加适量的分散剂，如扩散剂N、膨化剂OP、冬青油（水杨酸甲酯）等，使染料分散成为相当小的、能进入纤维内部的微粒。

此外，分散剂能破坏被染织物纤维分子间的连接，使纤维松散、膨胀，从而为染料扩散到纤维创造了条件。

八、固色剂

某些染料的染色牢度较差。经复染救治处理后，若采用固色剂对织物纤维进行固色处理，则可大大提高被染织物的耐日晒、耐水洗、耐摩擦等牢度。如固色剂Y、固色剂M等。

值得注意的是，固色剂大多是阳离子型高分子化合物，切勿与阴离子型化工材料混用。

九、软水剂

水是织物纤维复染救治时的介质，从某种意义上讲，没有水就不能进行织物纤维染色。但一般的水大多为硬水，需经过软化处理之后才能使用。

对带有色泽事故的衣物进行染色救治时，常用的软水剂有六偏磷酸钠、EDTA-2Na等。

十、其他助剂

某些染料的溶解性能较差。为使织物纤维获得较深的颜色，在使用溶解性能较差的染料实施复染救治时，通常在染液中加入某些助溶剂，例如，常用的硫化染料必须借助硫化钠才能溶解等。

除此之外，在对带有色泽事故的衣物进行染色救治时，还常用到一些酸（如醋酸、盐酸、硫酸等）、碱（如氨水、纯碱、烧碱、硫化碱）和盐（食盐、元明粉、硫酸铵）等，用以改善染色工艺条件，提高织物染色效果。

第二节　典型染色助剂的性能和应用

对带有色泽事故的衣物实施染色救治时，需要采用的染色助剂品种很多。由于不同染色助剂的性能不同，其使用方法也有很大差别。接下来探讨一下典型染色助剂的性能和应用方法。

一、氧化剂

对带有色泽事故的衣物实施染色救治时，一般最常采用的氧化剂为次氯酸钠和过氧化氢等。

1. 次氯酸钠

次氯酸钠原品为苍黄色极不稳定的固体，溶于水，商品常以液态形式出售，水溶液呈碱性，pH约为12。

次氯酸钠是一种含氯型氧化剂，具有强烈的氧化漂白作用，俗称"氯漂液"。

注意：次氯酸钠切不可用于羊毛、丝织物等动物性纤维织物的漂白。

次氯酸钠水溶液是一种成分复杂的不稳定水溶液，在不同的pH时，其成分不同，效果也不一样。实验证明，漂白液的pH为7时，对棉纤维的损伤最严重，而当pH为9～11时，对纤维的损伤较小，但漂白速度也相对慢一点。

温度对次氯酸钠漂白速度也有影响，例如，当漂液pH为11时，漂液每增加

10℃，漂白速度可增加2倍左右，但对织物的损伤也较大，故氯漂温度一般为50～60℃，时间8～10min。

漂液浓度也是一个重要影响因素。浓度太低，漂白时间较长，有时甚至达不到漂白目的；而浓度太高，不仅会造成浪费，而且容易损伤织物纤维，故应同时兼顾漂液浓度和其他影响因素。一般常温下氯漂液有效氯浓度为0.1%，即1000 mg/L左右，60℃时有效氯浓度为0.01%，即100mg/L。

次氯酸钠水溶液是白色棉织物首选漂白去渍的化学原料。

值得指出的是，用次氯酸钠溶液对白色棉织物进行漂白处理后，要用清水漂洗几次，然后还必须用硫代硫酸钠（海波、大苏打）进行脱氯处理，以防织物中残存的漂液腐蚀纤维，影响使用寿命。脱氯用海波浓度一般在0.15%～0.2%，在30～40℃温水中浸泡几分钟后，用清水漂洗干净即可。脱氯剂也可采用0.1%左右的亚硫酸氢钠或保险粉。

在光和热的作用下次氯酸钠会迅速分解，故贮存时应置于阴凉、干燥处，密闭避光。

2. 过氧化氢

过氧化氢，俗称"双氧水"，又称作含氧漂白剂。含量100%的纯品为油状、无色液体，是一种优良的氧化性漂白剂，能与水、乙醇或乙醚以任何比例混合，市售商品双氧水一般是3%或30%的水溶液。

双氧水的漂白作用也与漂液的pH、温度、时间等因素有关。当漂液pH在3～9之间时，织物白度随pH增加而增大；pH9～10之间时，织物白度达到最佳水平；当漂液pH大于10而小于13时，织物强度将受到显著影响。

双氧水的漂白时间和温度具有互补作用，漂液温度高，所需时间短；漂液温度低，则作用时间必须延长。

双氧水的稳定性与其溶液pH值和贮存温度有关。酸性条件下，双氧水比较稳定；随着溶液pH值增加，其稳定性降低。当溶液pH大于5时，双氧水开始分解，pH继续增加，分解速度加快。

常温下双氧水较稳定，当环境温度超过30℃时，稳定性变差。此外，一些重金属离子（如铁、铜、铬、锌等）也可催化双氧水的分解。鉴于上述原因，双氧水应在常（低）温、弱酸性的条件下贮存，使用时采用软水。

过氧化氢的使用浓度一般为0.2%～0.5%（有效氧25g/L）。

事故衣物复染救治时还常常使用过硼酸钠。过硼酸钠为白色晶体或粉末，不溶于冷水，易溶于热水，水溶液呈碱性，活性氧含量在10%左右。过硼酸钠的作用类似于双氧水，然而只有在较高温度下（60℃以上）时，它的漂白作用才比较明显。过硼酸钠不影响动植物纤维和合成纤维，是良好的洗涤漂白剂。

过硼酸钠溶于水后，不会立即分解，它缓慢地水解成硼砂、氢氧化钠和过氧化氢。由于释氧缓慢，利于应用时的控制与操作。常用于白色裘皮和丝、毛纺织品的漂白及去渍处理。使用浓度为2%左右。

3. 高锰酸钾

高锰酸钾俗称灰锰氧，深紫色粒状或针状结晶，有金属光泽；易溶于水，水溶液呈紫色，是一种强氧化剂，可用酸加速反应。因其会使织物纤维的强度减弱，故使用时不宜长时间浸泡。

用高锰酸钾处理过的衣物上会留下棕色痕迹，可利用过氧化物、醋酸或还原剂去除。

洗衣业常采用高锰酸钾去除衣物上难以去除的污渍（例如墨汁、碳素笔水等）。在对带有色泽事故的衣物进行剥色处理时，也可采用高锰酸钾，但要注意其对织物纤维的不利影响。

4. 亚氯酸钠

纯净的亚氯酸钠为纯白色，但常因制造方法不同，不论固体或液体，产品常带棕色。

亚氯酸钠的性质很稳定，在干燥的黑暗处，可以保存很长时间而不发生变化。它的稀溶液即使在煮沸时也不会迅速分解，在碱性介质中的稳定性更高，但在酸性溶液中具有漂白作用。实际应用时，先用酸剂调整溶液pH至4～5之间，再用硫酸铵、氯化铵、酒石酸乙酯之类的活化剂调整溶液pH至4左右。即使高达80～100℃，织物纤维亦几乎不受损伤。其常用于棉纤维、维纶纤维、醋酸纤维、锦纶纤维、涤纶纤维等纤维织物的漂白处理。

二、还原剂

1. 保险粉

在对带有色泽事故的衣物实施染色救治时，最常采用的还原剂当属保险粉。

保险粉，学名连二亚硫酸钠，又称低亚硫酸钠、快粉，白色细粒粉末，有时略带黄色或灰色，具有特殊臭味和强还原性。

保险粉能溶于水，水溶液呈弱酸性；不溶于乙醇。

保险粉的性质极不稳定（在碱性介质中比在中性介质中稳定，干燥时较潮湿时稳定），易氧化和分解，受潮或露置在空气中时会失去效力且有着火、燃烧的危险，加热至190℃时还会爆炸。

作为一种还原型漂白剂，保险粉的还原作用非常温和，在碱性溶液内有剥色和漂白的作用，是洗衣服务业去除色渍和漂白时经常采用的、最重要的化工材料之一，也是事故衣物染色救治时使用频率最高的化学药剂，常用浓度一般为1%～2%。

洗衣服务业中用于漂白羊毛的漂毛粉，即60%保险粉和40%焦磷酸钠的混合物，其外形为白色粉末，极易溶于水，能使天然色素还原而被破坏，变为极易溶解的物质而被洗去。

漂毛粉为一种还原剂，漂白作用强，应用简便，适用于白羊毛，不会损伤纤维。漂毛粉应置于阴凉、干燥处，防止受热、受潮、氧化变质。

2. 硫化钠

硫化钠又称硫化碱，俗称臭碱，黄褐色固体。它既是一种还原剂，但还原能力不及保险粉；又是一种较强的碱剂，但碱性弱于烧碱，性质较为稳定。

硫化钠在水中发生水解，使其具备了还原能力。其还原能力与水解程度有关。当溶液的pH增加时，硫化钠的水解受到了抑制，有利于提高硫化钠的稳定性；当溶液的pH减小时，硫化钠的水解加强，可提高其还原能力。

硫化钠暴露在空气中时，会吸收空气中的水分、氧气、二氧化碳等，使其有效成分下降，进而逐渐失效，故贮存时应加盖密封。若经长期贮存后再用，则应考虑加大用量。

根据染料品种和染色浓度的不同，硫化钠的用量存在极大差异，一般为染料用量的50%～250%不等。若硫化钠用量不足，则染料还原溶解不完全，染液会变得浑浊，得色浅而不匀，且织物的耐摩擦牢度也随之下降；若硫化钠用量过多，则会影响染料的上染，降低给色量。因而对于某些硫化染料（如硫化元等），硫化钠的用量不宜过多，否则衣物复染后不易洗净，会加速衣物染后贮存过程中的脆损。

三、润湿剂

在对带有色泽事故的衣物实施染色救治时，常用的润湿剂有硫酸化蓖麻油和拉开粉BX等。

1. 硫酸化蓖麻油

硫酸化蓖麻油，别名土耳其红油、太古油，常温下为黄至棕色黏稠油状液体，易溶于水，水溶液呈弱碱性。

硫酸化蓖麻油具有扩散、润湿作用，在对事故衣物进行复染救治时，可使染液易于润湿织物，并渗透进纤维内部。

在染液内，硫酸化蓖麻油还能延缓染料的上染，起匀染作用。

2. 拉开粉BX

拉开粉BX为白色、淡黄色粉末或片屑，易溶于水，在硬水、盐水、酸类或弱碱性液中不发生变化，在浓烧碱溶液中为白色沉淀，加水稀释后又重新溶解，是一种既有特殊润湿能力，又有显著渗透能力的染色助剂。此外，其还具有乳化、起泡性能，但其净洗能力很差。

拉开粉常用作染料的溶解剂。粉状染料用0.5%拉开粉溶液打浆时，染料易溶解，再用温水稀释，即可加速染料溶解。拉开粉还常用作还原染料、酸性染料以及分散染料的染色助剂。

拉开粉可与其他阴离子活性剂、非离子活性剂、直接染料、还原染料、酸性染料等同浴使用，但不能与阳离子离子活性剂、阳离子染料等同浴使用。

四、促染剂

不同质料的衣物，需采用不同性能的染料和染色助剂。而同一种染色助剂在不同性能染料的染液中，所起的作用并不完全相同。典型例子如元明粉。

元明粉，又名无水芒硝，学名硫酸钠，白色均匀细颗粒或粉末，易溶于水而不溶于乙醇。

元明粉（硫酸钠）是对带有色泽事故衣物复染救治时，使用频率最高的染色助剂。但是，采用不同染料实施衣物的染色救治时，硫酸钠的作用并非完全一样。

例如，在采用直接染料、活性染料和硫化染料进行衣物染色救治时，元明粉主要起促染作用；而在采用还原染料、酸性染料和阳离子染料进行衣物染色救治时，元明粉则主要起匀染作用。

五、缓（匀）染剂

事故衣物复染救治时常用的典型缓（匀）染剂为OS-15。

OS-15别名平平加O，乳白色膏状物，可溶于水，在冷水中的溶解度比在热水中的大，1%水溶液的pH接近中性，耐酸、耐碱、耐硬水、耐金属盐。

平平加与各种纤维无结合能力，应用后很容易洗去。但其对直接染料和还原染料有很高的亲和力，在染液中能和染料结合成不十分稳定的聚合体。在染色过程中，上述聚合体再缓慢分解释出染料而染着于纤维，所以是一种缓染剂。由于它与染料的亲和力强，所以添加了过量平平加时，在氢氧化钠和保险粉染液中有剥色能力，故又可作为剥色剂。

这种染色助剂属非离子型，可与各类染料同浴使用，具有良好的渗透性能和扩散性能，对各种染料均具有理想的匀染和缓染效果。

六、分（扩）散剂

正如前文所述，分（扩）散剂是对染料和纤维都具有亲和力的一类有机化合物，其分子比染料分子小，扩散速度快，并先于染料进入纤维内部，使纤维分子之间的距离加大，从而使纤维的空隙加大，纤维结构变得相对松弛，便于染料进入纤维内部。

应用不同类型的染料染色时，采用的分（扩）散剂并不相同。

用还原染料染色时，采用的分（扩）散剂为扩散剂N，别名扩散剂NNO，米棕色粉状物，易溶于任何硬度的水，属阴离子型，耐酸、耐碱、耐盐、耐硬水。

扩散剂NNO扩散性能好，无渗透性和起泡性，对蛋白质纤维及锦纶纤维有亲和力，而对纤维素纤维无亲和力。主要作为还原染料染色时的扩散剂使用。

用分散染料染色时，采用的分（扩）散剂为膨化剂OP（别名膨化剂7011，白色不规则片状物，易溶于水，水溶液呈强碱性。极易被氧化，氧化后呈粉红色或灰褐色）。

在对事故衣物进行手工复染救治时，常采用的分（扩）散剂为冬青油。

七、固色剂

采用固色剂对染色牢度较差的织物进行固色处理，可大大提高被染织物的耐日晒、耐水洗、耐摩擦等牢度。事故衣物复染救治时常用的固色剂有多种，典型的固色剂有固色剂Y。

固色剂Y，白色细粉，也有的产品为无色、透明、黏稠液体（受温度或贮存时间的影响，外观可能变为微黄褐色）。

固色剂Y属阳离子型，不能与阴离子型染料或阴离子型表面活性剂混用。该产品易溶于水。其溶于5倍50℃水中时，溶液澄清、透明。但其遇硬水、强酸、强碱、大量硫酸盐以及次氯酸钠等时会产生沉淀；遇铜、铁等金属离子时，会影响被染物的色光。

八、软水剂

已知，采用某些染料对带有色泽事故的衣物进行复染救治时，最好使用软水。

　　然而自然界中的水都溶有一定的可溶性钙盐和镁盐，人们把这种含有较多可溶性钙盐、镁盐的水称为硬水，而把含有少量钙、镁离子的水称为软水。

　　将磷酸三钠加入硬水中，其能与硬水中的钙、镁离子作用，生成难溶的磷酸钙、磷酸镁沉淀，从而具有优异的软水效果。这种方法虽然比较简单，不需要专门的软水设备，经济实用；但是，用磷酸三钠处理的软水，pH较高（pH12），更重要的是其生成的沉淀若不及时清除，也会沉积到织物上。

　　简单、实用的水质软化方法是络合法，又叫螯合法，采用一些能与硬水中钙、镁离子起化学反应的物质，生成可溶性的复盐或络合物，并且性能稳定，使硬水中的钙、镁离子失去再与其他离子发生作用的能力，从而使水质软化。

　　最常用的螯合剂是三聚磷酸钠和其他的聚磷酸盐，如六偏磷酸钠、焦磷酸钾等。这些聚磷酸盐成本低，螯合能力强，能与水中的钙、镁离子形成稳定的水溶性络合物。在温度不高的情况下，处理过的水已不再具有硬水的性质；但温度过高时，水中已出现碳酸钙沉淀，此时三聚磷酸钠在短时间内能否再和碳酸钙发生作用值得探讨。

　　六偏磷酸钠又称六聚磷酸钠，无色、透明片状或白色粉末，溶于水，不溶于有机溶剂；易吸湿，在空气中会溶化或水化，水化后变成磷酸三钠。

　　六偏磷酸钠是一种良好的软水剂。它能与钙盐或镁盐发生化学反应，生成可溶性复盐。这些可溶性复盐很稳定，里面的钙、镁离子不容易分解出来，因此降低了水的硬度。

　　六偏磷酸钠最大的优点是其与硬水生成的钙盐、镁盐具有可溶性。而磷酸三钠生成的钙盐、镁盐具有不溶性，容易沉积在织物纤维上。

　　由于大量使用聚磷酸盐易造成水体过肥，人们开始转而使用其他类型的螯合剂。例如胺的醋酸衍生物等，即软水效果突出的软水剂。乙二胺四乙酸二钠、氮川三乙酸钠以及聚丙烯酸钠等，都能与钙、镁离子及铁、铜等离子生成水溶性的络合物。但和聚磷酸盐相比，其使用成本较高。

九、其他助剂

　　对带有色泽事故的衣物进行染色救治时，还常用到一些酸（如醋酸等）、碱

（如氨水、纯碱、烧碱）、盐（食盐、元明粉）等，用以改善染色工艺条件，提高织物染色效果。

1. 醋酸

醋酸又名乙酸。含量在98%以上的醋酸，当环境温度在16℃以下时，会形成似冰状结晶，故名冰醋酸。

纯醋酸为无色、透明液体，有强烈的刺激性酸味和腐蚀性。

该产品贮存时，环境温度不宜过低，夏季应贮存于阴凉、通风之处。冰醋酸具有可燃性，应远离火源、碱类以及氧化剂等产品。

2. 烧碱

烧碱又名火碱，学名氢氧化钠，白色或灰白色易潮解的块状、片状、棒状或粒状物。其易溶于水且放热，水溶液呈强碱性（1%水溶液的pH为13.1），有强烈的腐蚀性，对皮肤有强烈的灼伤作用。

烧碱易吸收水分和空气中的二氧化碳而变质，应密封保存，并与酸类物质分隔存放。

操作时，应防止触及皮肤或溅入眼睛。

3. 硫酸铵

纯净的硫酸铵为无臭、白色菱状结晶，有粗粒和细粒之分。常用产品由于含有杂质，呈灰白色或黄褐色。其易溶于水，水溶液呈酸性，10%水溶液的pH为4.5。

在事故衣物复染救治过程中，硫酸铵的用途十分广泛，既可作为亚氯酸钠漂白剂的活化剂，活性染料的防染剂；又可作为酸性染料染毛时的助剂，分散染料染涤纶时的缓冲剂。

4. 尿素

尿素具有助溶、溶解、吸湿等性能。在活性染料等打浆时，可适量添加尿素，帮助染料溶解，并能稳定色浆。

尿素为白色、无味晶体或粉末，有潮解性，易溶于水，水溶液呈微碱性。

5. 醋酸钠

醋酸钠为白色或灰白色粉末，易溶于水，水溶液呈碱性。

醋酸钠能与酸类物质发生置换作用，生成中性盐和具有挥发性的醋酸，故常用作纳夫妥染料的中和剂。采用硫化染料进行衣物的复染救治时，为防止复染救治后的棉纤维衣物因氧化发脆，常用其进行防脆处理。

6. 尼凡丁 AN

尼凡丁 AN，非离子活性剂，一种多用途的染色助剂；液体或浆状体，水溶液呈中性，对酸、碱和硬水都很稳定。

依用途、目的与用量的不同，高浓度的尼凡丁溶液具有剥色作用，而低浓度的尼凡丁溶液则具有匀染作用。

例如，在羊毛织物复染救治前，首先将织物在加有0.2% ～ 1%(织物重量计)尼凡丁 AN 的溶液中处理10min，然后按常规方法进行复染救治，可以获得良好的匀染效果。

当复染救治后的衣物（例如锦纶织物、羊毛织物等）出现瑕疵时，可用3% ～ 8%的尼凡丁溶液沸煮剥色后再行重染。

第五章 事故衣物染色救治前的准备工作

事故衣物复染救治前，人们应该进行以下准备工作："建立原始档案""开据收活票据"，根据顾客需求"制作色标""清理衣物上的饰物、配件"等。

第一节 收活检查

出现色泽事故的衣物，经过复染救治，虽然绝大多数均能获得令人满意的效果，但是，衣物由经常穿用引发的一些缺陷，无法得到缓解或消除。有些缺陷甚至会严重影响衣物的复染救治效果。因此，需要进行复染救治的衣物，应在染色救治前，进行必要的检查。

一、营业人员收活检查时应关注的主要问题

营业人员在收活时若稍有疏忽，或检查出现纰漏，或未向顾客交代清楚，或未在收活票据上注明，则一旦出现意外，轻则招致顾客的不满、抱怨，重则引

发不愉快的冲突，这都会对事故衣物染色救治工作的正常进行产生十分不利的影响。所以，作为从事该项工作的营业人员，应该引用、借鉴洗衣门店老营业员们总结的几句话："顾客来洗衣，检查要仔细，如何洗和烫，效果当面讲，花绺残蛀破，千万别放过，票面要写清，避免出纷争。"

为此，营业人员收活检查时应关注以下问题。

① 衣物保存、穿用过程中容易出现的问题：如虫蛀、破损、开线、极光、色花、色绺、褪色等。

② 衣物受污渍、污垢污染的状况：如陈旧性污渍、霉斑、腐蚀斑、烧蚀斑等。

③ 纽扣：是否齐全，牢固程度；同时要考虑衣物复染救治过程中，各种化工材料以及高温等对包扣、塑料扣、骨扣、木扣、金属扣、复合扣等可能产生的不良影响。

④ 配件及饰物、饰片：有些衣物配有腰带、帽子、肩带、袖带等，收活检查时应核查配件是否齐全；同时要考虑复染救治过程中，各种化工材料、高温以及复染操作对饰物、饰片可能造成的不良影响。

⑤ 拉锁：某些衣物重要的部件之一。营业人员收活时一定要注意检查其开闭状况，并做好记录，以免日后顾客取活时引发不快。

⑥ 口袋：营业人员当着顾客的面掏袋有两方面益处。其一，体现从业人员服务周到、细致，例如顾客遗留在兜袋中的钱币、钥匙等，能及时返还顾客；其二，借机清除可能影响衣物复染救治效果的隐患，例如兜袋中可能遗留的圆珠笔（芯）以及烟末、杂物屑等。

特别值得指出的是，在对带有色泽事故的衣物进行复染救治前，要特别关注待复染衣物的质料构成。这是因为各类衣物实施复染救治时，要大量使用诸如酸、碱、盐、氧化剂、还原剂等各种化工材料，要在高温条件下对衣物进行各种物理、化学处理。若衣物质料判断失误，则不但不能获得理想的复染救治效果，有时还会造成衣物结构破坏、强度下降以及饰物、配件等的损坏，酿成严重的后果。

众所周知，一般情况下，各种款式、风格的商品服装上市时，均配带有标示牌，其上明确告知该服装的质料构成，这就为人们正确鉴别衣物质料提供了极为有利的条件。

　　但某些衣物，由于长时间穿用，多次清洗、护理，标示牌或者丢失，或者其上的相关说明早已模糊不清。更有个别厂商，为刻意提高服装的档次，误导消费者，故意混淆视听，明明是混纺制品，却标注为100%纯纺制品（如纯棉或纯毛）。

　　已知，衣物质料不同，服用性能不同，其耐酸、耐碱、耐氧化剂、耐还原剂等物理、化学性能均存在极大差异。衣物复染救治过程中，不同质料的衣物，不仅所应选用的染料有极大差别，其所需选用的染色助剂、染色条件等也均有很大不同。

　　例如，某顾客的一条白色男裤，被要求染成黑色。原标示牌标明100%棉，实际鉴别为涤/棉混纺织物。若参照原标识说明进行染色，则应采用硫化黑染料，但染后男裤不是黑色而呈黑灰色。这是因为采用硫化染料染色时，可上染棉纤维而涤纶纤维染不上颜色。为解决涤/棉制品染色问题，必须先采用分散染料染涤纶纤维部分，然后再染棉纤维部分，这样才能将整条男裤染成纯正的黑色。

　　由此可见，各类衣物的质料鉴别尤为重要。

二、衣物质料的鉴别

　　正确鉴别衣物质料时，最为简便、实用的方法是感官鉴别法，以明确鉴别衣物的质料，为随后进行的染前处理和复染救治奠定基础。

　　感官鉴别法通过人的感觉器官测试织物的弹性、柔软感和折皱情况。如眼观织物质地、光泽，手摸织物质感、厚薄等。通过观察织物纤维的色泽、长度、粗细、变曲程度等，判断纤维的种类。

　　该方法使用时，往往根据人的主观判断，有时难以作出恰如其分的表达，而且织物的手感与纤维原料、纱线品种、织物薄厚、组织结构、染整工艺等因素密切相关，因而要求从事纤维鉴别的人必须熟练掌握各种织物的外观特征，同时还要掌握各类纤维的感官特点。

　　该方法虽然简便，但是需要丰富的实践经验，且不能鉴别化纤中的具体品种，因而具有一定的局限性。

各种常见纤维织物的感官特征如下所示。

1. 棉及棉混纺织物

纯棉织物,具有天然棉纤维的柔和光泽,手感柔软,但弹性较差,易产生折痕。从布边抽几根纱线,仔细观察解散后的单根纤维,其具有天然卷曲、纤维较短的特点。将纤维拉断后,断处纤维参差不齐,长短不一,浸湿时的强度大于干燥时的强度。

棉织物有普梳、精梳与丝光之分。普梳织物外观不太均匀,且含有一些杂质,布面粗糙,常为中厚型织物;精梳织物外观平整、细腻、杂质较少,常为细薄织物;丝光织物是指用苛性钠进行丝光处理的棉织物,其纤维截面趋向圆形,结晶度与取向度提高,纤维表面产生丝一样的光泽(织物光泽较好),表面更加细腻、均匀,属高档棉织品。

棉混纺织物主要有涤/棉、黏/棉、富/棉、维/棉、腈/棉等产品。

涤/棉与腈/棉织物色泽淡雅,有明亮的光泽,布面平整、光洁,手触时有滑爽、挺括之感,面料弹性较强,手捏布面放松后恢复较快且折痕较少;富/棉与黏/棉织物的光泽柔和,色泽鲜艳,料面光洁、柔软、平滑,但稍有不匀与硬之感,手捏布面放松后料面有明显折痕;维/棉织物色泽较暗淡,手感粗糙,料面不够挺括且有不匀感,其折痕介于前两者之间。

2. 麻及麻混纺织物

纯麻织物纯朴、自然,光泽柔和、明亮,手感滑爽、厚实、硬挺,面料较为粗糙,手触时有不匀和刺感,握紧放松后折痕较深,且恢复较慢。

麻混纺织物有棉/麻、黏/麻、涤/麻、毛/麻等产品。

棉/麻、黏/麻织物的外观、手感与风格介于纯棉与纯麻之间;涤/麻织物面料平整,有较明亮的光泽和柔软的手感,弹性较强,不易产生折痕;毛/麻织物的面料清晰、明亮、平整、挺括,手捏放松后不易产生折痕。

3. 毛及毛混纺织物

纯毛织物平整、均匀,光泽柔和、自然,手感滑爽、柔软、丰满、挺括,极难产生折痕。拆出纱线分析,其纤维呈天然卷曲状,且比棉纤维粗、长。

纯毛织物包括精纺、粗纺、驼绒、长毛绒等产品。

精纺毛料手感薄软；粗纺毛料比较厚重，表面有绒毛；驼绒（商品名）以针织物为底，面料布满细短、浓密、蓬松的绒毛；长毛绒（海勃绒）料面耸立平坦、整齐的绒毛，丰满而又厚实。

毛混纺织物有毛/黏、毛/涤、毛/锦、毛/腈等产品。

黏胶人造毛与毛混纺的织物一般光泽暗哑，手感柔软但欠挺括，易产生折痕，其薄型织物酷似棉织物。毛/涤织物光亮、滑爽、挺括、弹性好、不易产生折痕，但光泽不及纯毛织物柔和、自然；锦纶与毛混纺织物的毛感较差，光泽呆板、不自然，手触硬挺、不柔软、易产生折痕；而腈纶与毛混纺织物的毛感较强，手感蓬松有弹性，光泽类似毛/黏织物，但色泽较之鲜艳。

4. 丝及丝混纺织物

蚕丝是由蚕体分泌物凝固而成的物质。蚕丝分家蚕丝和野蚕丝，以桑叶为饲料的蚕的蚕丝为家蚕丝，以柞树、蓖麻为饲料的蚕的蚕丝为野蚕丝。

蚕丝在天然纤维中具有较高的强度。相比之下，桑蚕丝表面细腻，吸色能力较强，而柞蚕丝表面较粗糙，吸色能力相对较差，但柞蚕丝在吸湿、耐光性等方面却优于桑蚕丝。然而柞蚕丝织物清洗、保养时一旦操作不当易产生水渍，往往需要重新过水漂洗。因此，清洗、保养柞蚕丝织物时应格外慎重。

丝织物料面轻柔、平滑，富有弹性，悬垂性好。手触有丝丝凉意，色彩鲜艳、均匀，光泽自然、明亮，手捏放松后会产生细细的折痕。

丝混纺织物主要有黏/丝织物、涤/丝织物、锦/丝织物等。

含有黏胶的丝织物手感滑爽、柔软，但不及真丝轻盈、飘逸，略带沉甸甸的感觉，光泽明亮、刺目，不如真丝柔和、自然，且极易产生折痕。

含有涤纶的丝织物，感官性能极像真丝，手感滑爽、平挺、弹性好，手捏放松后，较快恢复原状，无明显折痕，光泽柔和、明亮。

含有锦纶的丝织物，感官性能在各类丝制品中属最差，不仅身骨较疲软，而且光泽较差，色彩也不太鲜艳，产生折痕后恢复缓慢。

5. 黏胶织物

黏胶纤维属化学纤维中的人造纤维，它以天然纤维素植物（棉短绒、木材、芦苇、甘蔗渣等）为原料，经化学加工而成。它的主要成分为纤维素。其长丝称为人造丝，若将长丝截短，其粗细和长度与棉接近时则为人造棉，与毛接近时则为人造毛，介于棉与毛之间则为中长纤维。

黏胶纤维应用比较广泛，但其最大缺点是极易产生褶皱，且不易恢复；尤其是遇水后强度下降很快，经不起水中重搓。其棉型织物外观似棉，但身骨比棉疲软，手感比棉稍硬，遇水后会变得又厚又硬，然而一经干燥便恢复原状；其毛型织物外观有毛型感，但手感疲软，光泽呆板；其丝型织物外观像真丝，但手感比真丝软，相比于真丝，亮得有些刺眼。

为改善黏胶织物的性能，人们进行了一系列的研究，开发、生产了富强纤维、铜氨纤维、醋酯纤维等同系列产品，不仅提高了黏胶纤维的湿强度，而且改善了其感官性能。

6. 涤纶织物

涤纶纤维是石油产品进一步反应聚合而成的纺织纤维，又叫聚酯纤维。它手感滑爽，有明亮的光泽，弹性好。涤纶纤维应用较为广泛，其制品有仿棉、仿麻、仿毛、仿丝及仿鹿皮型。其精纺织物手感干爽，光泽明亮，但挺板有余而糯软不足；仿丝织物质地轻薄，刚柔适中，但吸水性远不及真丝，故穿着不舒适；仿麻织物形态逼真，粗犷潇洒，手感挺爽，但吸湿性差；仿鹿皮制品形态逼真，质地轻薄，外观细腻。

涤纶织物最突出的特点是几乎不产生褶皱，故穿着挺括，但吸水性差，容易产生静电。

7. 锦纶织物

锦纶又叫尼龙，学名聚酰胺纤维。其质轻、弹性好、稍用力即可产生较大的变形。其身骨虽疲软，但强度较高，耐磨性是各种纤维中最好的。锦纶遇热收缩，热定型性差，手捏放松后有明显的折痕。其产品有仿毛和仿丝型。

8. 腈纶织物

腈纶又称合成羊毛，学名聚丙烯腈纤维。其织物手感柔软、蓬松，毛型感强，色彩鲜艳，光泽柔和，手捏放松后不易产生折皱，然而一旦产生折痕很难熨平。

腈纶织物最突出的优点是耐光性好，属纺织纤维中最好的；但最大的缺点是耐磨性差，受磨部位极易产生磨损。

9. 氨纶织物

氨纶又叫聚氨酯纤维，由于弹性奇佳，故俗称弹性纤维。其手感平滑，光泽自然，有理想的伸缩弹性，类似于橡皮筋。

10. 维纶织物

维纶，学名聚乙烯醇缩甲醛纤维，由于吸湿性好，高时可达10%，故又称合成棉花。维纶织物颜色晦暗，光泽暗哑，身骨疲软，手感蓬松，容易产生褶皱；而且由于其织物弹性较差，尺寸稳定性不好，加之容易起球、起毛，故在服装业的应用较少，但在服装材料中常代替棉或与棉混合使用。

11. 其他纤维织物

随着化学工业和纺织工业的发展，为改善和提高化学纤维织物的物理、化学性能，各种异形纤维、复合纤维、裂膜纤维及其他具有特殊功能的纤维也在织物上得到了广泛应用。

已知常见化学纤维的横截面一般为不规则的圆形或椭圆形，而异形纤维的横截面呈特殊形状，如三角形、多角形、三叶形、X形、Y形、H形、藕孔形、中空形等。异形纤维除具有同类化学纤维的基本性质外，还大大提高了同类化学纤维的感官性能及各种物理性能。如色彩更加鲜艳、亮丽，光泽更加柔和、自然，手感更加舒适、蓬松，服用性能进一步得到改善。

复合纤维一根丝条上同时保持有两种或两种以上的聚合物，有双层型和多层型等各种结构。复合纤维结构上的变化促成了其物理性能上的相互利用，优势互补，使得其手感进一步改善，毛型感更强。

裂膜纤维也是由化学纤维制成的，先将化工原料制成薄膜（如涤纶薄膜），然后将薄膜切割成具有一定宽度的条带，拉伸或撕裂成所需要的纤维，以改善它的性能。

除此之外，为满足特定的需要，近年来人们还开发了吸湿性纤维、抗静电纤维、阻燃纤维等多种纤维织物。

应该指出的是，要想确认上述纤维织物的具体属性，光凭感官是远远不够的，只有借助于其他鉴别方法，才能取得较为理想的结果。

燃烧鉴别法也是一种简单、实用的织物纤维鉴别方法，适用于纯纺织物与交织物的纤维原料鉴别。它利用各种纤维不同的燃烧特征来鉴别纤维原料的种类。

鉴别时，先设法从织物上拆下几根纱线；再用镊子夹住小束纤维，慢慢靠近火焰，仔细观察纤维接近火焰、在火焰中以及离开火焰时烟的颜色，纤维燃烧速度以及燃烧后灰烬的特征；最后记录这些特征，对照表5-1，即可粗略鉴别纤维的种类。

表5-1　不同纤维的燃烧特征

纤维名称	接近火焰	在火焰中	离开火焰	燃烧后残渣形态	燃烧时气味
棉、黏胶、麻、富强	不熔、不缩	迅速燃烧	继续燃烧	小量灰白色的灰	烧纸味
羊毛、真丝	收缩	渐渐燃烧（毛起泡）	不易延燃	松脆块状黑灰	烧毛发味
涤纶	收缩、熔融	先熔后燃烧，且有熔液滴下	能延燃	玻璃状黑色硬球	特殊芳香味
锦纶	收缩、熔融	先熔后燃烧，且有熔液滴下	能延燃	玻璃状褐色硬球	烂瓜子味（氨臭味）
腈纶	收缩、微融、发焦	熔融、燃烧，有发光火花	继续燃烧	松脆黑色不规则硬块	有辣味
氨纶	不收缩、软化	迅速燃烧、熔融	继续燃烧	软如棉毛，状黑灰球	特臭
维纶	收缩、熔融	燃烧	继续燃烧	松脆黑色不规则硬块	特殊甜味
丙纶	缓慢收缩	熔融、燃烧	继续燃烧	黄褐色硬球	轻微沥青味
氯纶	收缩	熔融、燃烧，有黑烟	不能延燃	松脆黑色硬块	氯化氢臭味

三、营业人员收活检查时应向顾客申明的主要问题

各种质料的色泽事故衣物在复染救治过程中，总会受到水，酸、碱、盐等化工材料，染料，染色助剂，温度和各种物理机械作用的影响，免不了会出现这样那样的状况。因此，营业人员在和顾客沟通交流时，有必要向顾客交代清楚。例如：

特殊风格衣物：绒类织物可能会掉绒、倒绒。

　　特殊结构衣物：带松紧口的衣物，其袖口、下摆等处的松紧布可能会松懈；带配块、镶条的衣物，其配块、镶条可能会引起渗色、搭色或颜色变化。

　　陈旧性污渍可能由不易彻底去除而影响复染效果，浅色衣物的腋窝、衣领、背部容易出现汗渍造成的痕迹。

　　纯毛围巾、羊毛衫、羊绒衫等织物遭轻微虫蛀，复染后可能会显露孔洞。

　　某些西装的垫肩、里衬对衣物复染救治时操作条件的适应性差，复染救治后垫肩可能出现轻微拢缩，衣服可能会因为里衬脱胶、起泡。

　　带有饰物、饰片衣物上的亮珠、亮球、亮片等，在复染救治后可能出现变形、翘起。

　　某些衣物，或身、领为两个颜色，或带有贴边、绣花镶边，复染时均会受到影响而不能完全恢复原状。

　　中高档衣物、品牌服装，其翻领上常常带有一圈或是色织装饰条，或是刺绣文字、图案，这些部位复染前处理（剥色）时变色，染色时颜色受影响。

　　衣物复染救治时，某些衣物的缝线、金属线以及包边等可能染不上颜色。

　　棉纤维受强碱溶液腐蚀的部位复染时上色深，受强酸性溶液腐蚀的部位复染时上色浅。

　　丝纤维、毛纤维经氯漂液腐蚀后，纤维组织结构受损伤，原有色泽发生变化，染色不均匀，浅颜色盖不住，只能上染中等色或深颜色用以遮盖。

　　不同质料衣物磨损的部位，复染后颜色会与衣物其他部位不完全一致，棉纤维织物磨损部位复染后颜色发浅，毛纤维织物磨损部位复染后颜色显深。

　　采用还原染料染色的衣物，虽然色牢度好，但清洗时若用力过猛、刷得太狠则会出现白道，复染时该处不上色，不易上染均匀。

　　采用靛蓝染料染色的牛仔裤，原色不易剥掉，故复染成原色难度较大，只能染成较深颜色。此外，采用这类染料染色的莫代尔纤维织物、莱赛尔纤维织物等复染前处理（剥色）时，剥色效果不可能十分理想，剥色后尚存原色色淀，经氧化处理后原色返回，复染时由于吸色能力差异，原磨损部位容易出现色花、色缕现象，不易恢复原状、保存原有风格。

　　什色衣物复染救治后的颜色与原色可能存在一定差异，不可能与原色完全一样。

丝纤维织物、莫代尔纤维织物、莱赛尔纤维织物等深色织物磨损严重部位、去渍擦伤部位会显露白霜，这类衣物复染救治后，其事故现象只能缓解而不能根除。

诸如此类的问题，营业人员在收活时，务必向顾客交代清楚。如有必要，还应在收活票据上一一注明，以免日后引发不快。

为避免因潜在隐患导致衣物复染救治效果不尽人意进而引发的争议或抱怨，建议开展事故衣物复染救治的朋友，在收活时向顾客宣示如下免责声明。

事故衣物复染救治免责声明

各种质料的色泽事故衣物在复染救治过程中，总会受到水和酸、碱、盐等化工材料以及染料、染色助剂、温度和各种物理、机械作用的影响，免不了会出现这样那样的状况。而且，衣物的复染救治，本身存在一定的难度，尽管我部工作人员本着"全心全意为顾客服务"的宗旨，认真对待每一件待复染救治的衣物，然而，某些意想不到的问题仍会出现。为此，特向顾客发表如下免责声明：

特殊结构衣物：带松紧口的衣物，其袖口、下摆等处的松紧布可能会松懈；带配块、镶条的衣物，其配块、镶条可能会引起颜色变化。

陈旧性污渍及顽渍可能由不易彻底去除而影响复染效果，浅色衣物的腋窝、衣领、背部容易出现汗渍造成的痕迹。

纯毛围巾、羊毛衫、羊绒衫等织物遭轻微虫蛀，复染后可能会显露孔洞。

某些西装的垫肩、里衬对衣物复染救治时操作条件的适应性差，复染救治后垫肩可能出现轻微拢缩，衣服可能会因为里衬脱胶、起泡。

带有饰物、饰片衣物上的亮珠、亮球、亮片等，在复染救治后可能出现变形、翘起。

某些衣物，身、领为两个颜色，或带有贴边、绣花镶边，复染时均会受到影响而不能完全恢复原状。

中高档衣物、品牌服装，其翻领上常常带有一圈色织装饰条，或刺绣文字、图案，这些部位复染前处理（剥色）时变色，染色时颜色受影响。

衣物复染救治时，某些衣物的缝线、金属线以及包边等可能染不上颜色。

丝纤维、毛纤维经氯漂液腐蚀后，纤维组织结构受损伤，原有色泽发生变化，染色不均匀，浅颜色盖不住，只能上染中等色或深颜色用以遮盖。

采用还原染料染色的衣物，虽然色牢度好，但清洗时若刷得太狠则会出现白道，复染时该处不上色，不易上染均匀。

采用靛蓝染料染色的牛仔裤，原色不易剥掉，故复染成原色难度较大，只能染成较深颜色，而且不易保存原来风格。

什色衣物复染救治后的颜色与原色可能存在一定差异，不可能与原色完全一样。

丝纤维织物、莫代尔纤维织物、莱赛尔纤维织物等深色织物磨损严重部位以及去渍擦伤部位会显露白霜，这类衣物复染救治后，其事故现象只能缓解而不能根除。

诸如此类的问题，绝非由工作人员复染救治技术造成，还望广大顾客给予理解。

为避免日后引发不快，凡需要提供复染救治服务的顾客，请您仔细阅读"免责声明"，并在该"声明"上签字，以示理解和支持。

谢谢！

四、填写收活票据

对带有色泽事故的衣物复染救治时，一方面要确保衣物复染救治质量，另一方面，还要合理安排加工生产工期。作为顾客，希望尽快见到结果、到期取衣；而作为从业者，则更应按照顾客的需求和收活时作出的承诺，保质、按期兑现诺言。所以，收活票据则构成了双方合作的"契约"或"服务加工合同"。

填写收活票据时，应将衣物的颜色、织物结构、质料、款式、品牌，原有事故现象、部位、面积，衣物上存在的可能影响复染救治效果的各种状况以及救治要求等，一一填写清楚，经顾客认可后签字。现举例如下。

案例1：

米黄色 细斜纹 纯棉 男休闲裤 品牌名称：FISS

左裤前"咬色" 4块

要求：按原色复染

顾客已在免责声明上签字。

案例2：

茶绿色　沙府绸　男风衣涤纶57%　棉30%　锦纶13%　品牌名称：NISALONG

左右袖氯漂"咬色"　整体褪色　原有标识：拆

要求：按原色复染

顾客已在免责声明上签字。

案例3：

红灰色　针织罗纹　男服（带帽子）　棉98%　氨纶2%　品牌名称：SLIRFACE

帽子绿漂"咬色"　标识：拆　松紧绳：拆

要求：按原色复染

顾客已在免责声明上签字。

案例4：

橘黄色　针织翻领T恤衫　带"蓝/白/黑/道色绣"　纯棉　品牌名称：CANUDILO　衣领、整身"咬色"多处

要求：按原色复染

顾客已在免责声明上签字。

案例5：

藏蓝色　针织翻领T恤衫　纯棉　褪色

要求：改色（翠蓝或翠绿）

顾客已在免责声明上签字。

为防止某些未可预见的状况影响衣物复染救治的顺利进行，收活票据上还应填写顾客的姓名、地址、联系电话，以便遇到意外时，随时联系沟通。

第二节　制作色标

为确保带有色泽事故的衣物经复染救治后能赢得顾客的赞许，必须根据衣物

的具体状况和顾客的需求，制作符合待复染衣物色调、色光要求的色标（色样）。

一、取样原则

色标，即真实反映衣物原色调、色光或顾客需求色调、色光的色样。

要如实反映衣物的原色调、色光，最简单、可行的方法就是从衣物上剪下一块料样。然而由实践可知，若想从衣物上裁剪下一块符合衣物复染要求的织物料块绝非易事，尤其品牌服装服饰，因为成品服装服饰上，轻易不会遗留多余的料块。

所以，在衣物上裁剪取样时，应恪守"不能对衣物的组织结构、强度等构成威胁"的基本原则。此外，衣物裁剪取样后，不应显露痕迹，以免引起顾客质疑。

一、取样技巧

为了从待复染救治衣物上选取、裁剪符合要求的色标，必须寻找衣物兜盖、袋口、门襟、"开气"等裸露衣物质料毛边的部位，或拆开西服、夹克衫、风衣等衣物的衬里，在衣物的毛边部位剪下一缕衣料制作色标；或从衣物承受较轻拉力部位的包缝线内，用针挑出几根织物纤维，揉搓成团后制作色标。实在无法，还可利用各种与衣物色调、色光一致或接近的彩色图片，配以相应说明来制作色标。

三、制作方法

将白色硬纸片裁剪成长约10cm、宽约2cm的条状纸片，利用小型订书器、采用相应书钉，将选取的色标钉在白色硬纸片的左上角。为便于进行颜色比对，将选好的色标露出纸片一半，其下部用书钉钉牢。

为防止进行颜色对比时污染色标或纸片，纸板下部用小型书夹夹住，以便随时用手拿捏进行色调和色光的检查、对比。

纸板的空白处，注明"原色"，并根据顾客要求，注明适当进行调整的内容，例如复染后衣物颜色的"深""浅""浓""淡"等。此外，还应在纸板的空白处，填写与衣物收活票据相一致的号码，以便核对、查找。

第三节　清除、整理饰物配件

在各类衣物复染救治的过程中，除个别素色衣物上小面积的色泽事故采用喷染、某些小面积带绣花以及某些花格衣物局部色泽事故只能进行手工补色不宜进行剥色复染外，其余绝大多数待复染救治衣物，均需采用加温浸染的方法。

为避免在复染救治过程中，对各类衣物上的饰物配件造成负面影响，必须将衣物上可能受到影响的物品进行清理、拆除，另行保管，待整件衣物复染完毕，再将其恢复原状。相关饰物配件如下。

一、标识

中高档或品牌服装的标识中，除涤纶质料及染浅色服装的标识可以不必拆除外，其他质地和染中等色或深色衣物的标识，以及顾客第一次穿用、坚持要求保持原样的标识，一律拆下保管。

二、饰物配件

某些衣物上会带有不同质料、不同造型的装饰镶条或配件，如皮革或裘皮镶边、配块、牙子布、凸起镶条等。皮革及裘皮制品在高温和各种化工材料作用下，会发生皮板发挺变脆、绒毛倒伏变硬等现象，其他类型的装饰镶条、配块也会出现颜色变化。因此，也应一律拆下。

三、纽扣

某些衣物上的包扣、骨扣、木扣、皮扣、金属扣、复合扣、塑料扣，以及品牌服装上的各类纽扣，复染之前最好一律拆下保管。

四、絮填物

带絮填物衣物上的各类絮片，除涤、腈、蓬松棉等质料的可以不必拆除外，羊绒絮片、带覆膜絮片等一律拆下保管。

五、金属环扣

某些衣物的腰带、袖带上带有金属环扣。为避免在复染救治过程中，各类衣物金属环扣失去原有光泽，复染救治之前应拆下保管。

六、衬里

待复染救治的衣物中，绝大多数衣物面料、衬里所用材料存在一定差别。为确保衣物复染救治后能尽可能恢复原状，一般情况下，除涤纶的衬里可以不必拆除外，其他类型质料的衬里，如人造丝等，理应全部拆下，待复染救治完成后，再重新缝合恢复原状。

诚然，衣物的衬里拆下容易，恢复原状难。但是衣物复染救治时，大多需要先进行剥色处理，然后才能进行复染。正如前文所述，织物纤维的质料不同，其所适应的化工材料和染料品种存在较大差别。若衣物衬里不拆，剥色、复染救治过程中，其色调、色光则大多会受到不同程度的影响。

七、"松紧口"定位

某些衣物的领口、袖口、下摆等部位具有一定的伸缩性能。为确保衣物结构在复染救治后不产生明显变形，带有伸缩性能的衣领、袖口、下摆等处，例如羊毛衫、羊绒衫、毛衣等针织品衣物的上述部位，应用坚牢的缝线定位。

八、"放气口"

衣物复染救治过程中，无论"剥色处理""氧化处理""染色处理"还是"投水漂洗"处理等，均需将衣物完全浸没并悬浮在水溶液中，且通过不断搅拌、翻动等物理机械作用，衣物各部位的处理力度应均匀一致，以确保处理效果。

但某些带有衬里或絮填物的衣物，如西装、夹克衫、风衣、防寒服等，被水溶液润湿后，纤维膨胀，里衬和面料之间的空气不易排出。在对其进行剥色、氧化、染色、投漂时，极易出现衣物某个部位漂浮、裸露在液面上的现象，这将严重影响其复染救治效果。

因此，色泽事故的衣物复染救治前，必须将某些衣物的里衬拆开，以便对其进行各种处理时，及时排出面料和里衬之间的空气。在处理过程中，确保衣物的各部位完全浸没并悬浮在处理溶液中。

衣物的质料厚薄不同，款式风格不同，型号不同，放气口的尺寸也略有区别，一般以3～5cm左右为宜。

放气口的位置，一般在上衣前襟两下摆内侧靠近对襟处，衣袖的放气口则在袖内侧里衬侧缝靠近袖口处。

衣物复染救治后，切记将拆开的放气口按照原状进行缝合处理。

第六章　剥色处理

日常生活中常见的各类物质所用着色材料，大体上分为两种，一种为染料，另一种为颜料。

棉、麻、丝、毛、人造纤维、合成纤维以及纸张、皮革等纤维的染色，主要采用染料，只是在个别情况下使用颜料。

染料，指能将纤维材料染成各种鲜明和坚牢颜色的某一类有色的化合物。染料除了具有鲜明的颜色之外，还需对纤维织物有良好的亲和力和相当好的各项牢度。

绝大多数染料是有机化合物，一般可溶于水或某种溶剂，或借助于适宜的化工材料成为可溶性物质，使纤维材料染上颜色。

颜料和染料不同。颜料是一种既不溶于水，也不溶于媒介液体的有色物质。颜料能使物体表面涂着色彩但并不深入纤维内部，是表面着色作用、物理遮盖作用。它借助于各种媒介物质（展色剂）调配成涂饰材料，用以为各种物质涂着色彩。

和织物纤维染色相反，剥色是将衣物上原有染料的大部分或部分去除的操作过程。

带有色泽事故的衣物，无论"咬色""褪色"还是沾染色渍，均会使衣物整体的色调、色光出现明显差异。即使褪色不是十分明显的衣物，其腋下、衣领背面与经受磨损的部位，也会显现色差。

衣物的复染过程本身就是一次炼漂加染色的过程。在此过程中，可以利用复染之前的剥色处理，将衣物上可能存在的油渍、汗黄、色渍等去除干净，露出织物纤维原有的底色，使织物颜色变浅或彻底变成白色，以便为随后进行的复染救治奠定基础。

织物质料不同，款式风格不同，色泽深浅不同，剥色时选用的剥色材料和操作工艺存在极大差别。

第一节　剥色操作的主要工艺内容

对带有色泽事故的衣物实施剥色处理，其主要工艺操作内容包括剥色、二次剥色处理、氧化处理和投水漂洗等。

一、剥色

剥色，即将待处理的衣物，置入能与织物纤维上色素基团起化学反应的溶液中（一般使用保险粉）进行处理，使其颜色与所需要的色调接近或彻底消失变成白色。

剥色完成后，需多次进行投水漂洗和脱水甩干（一般各需两次），以尽可能脱除衣物上残存的化学药剂。

需要指出的是，若衣物经一次剥色处理后还需进行二次剥色处理，则投水漂洗一次、脱水甩干一次即可。

二、二次剥色处理

某些待复染救治衣物的色泽较为靓丽，如粉红、翠绿、天蓝、鹅黄、浅棕等，为确保衣物复染救治效果，应将衣物的原有颜色彻底去除干净。

还有某些衣物，一次剥色处理后效果并不十分理想，与剥色要求相距甚远，使复染前的颜色拼配变得十分困难。例如，某件衣服原色为天蓝色。衣物上原有的蓝色经剥色处理变成黄色，若采用蓝色染料进行复染处理，则染后的衣物变成绿色。

另有某些衣物，虽经剥色处理，但剥色不均匀，衣物上仍残存某些原色残迹。

诸如此类的问题，都会影响衣物的复染救治效果。因此，这类衣物经一次剥色处理后，还需进行二次剥色处理。

待复染救治的衣物二次剥色处理后，应投水漂洗两次，脱水甩干两次。尤其是第二次脱水甩干时，应适当延长脱水甩干的时间，以尽可能脱除衣物上残存的化学药剂。

三、氧化处理

待复染救治衣物剥色处理后，或衣物底色与复染要求存在差距；或由于剥色不均匀，衣物上仍残存某些原色残迹；或衣物上的剥色剂残留使之带有强烈的刺激性气味，这些问题，均可能导致复染后的衣物上出现类似风（光）渍（见光的部位一个颜色，遮盖的部位则呈现另一个色调）的色变。

所以，经剥色处理的衣物，常需进行氧化处理，以去除残存在衣物上的残色或染料隐色体，清除衣物上双层或多层较厚部位可能残留的还原性剥色剂保险粉。

四、投水漂洗

经剥色、二次剥色处理、氧化处理的待复染救治衣物，需彻底进行投水漂洗，以便将衣物上可能残存的化工材料去除干净，为其后进行的复染救治奠定基础。

氧化处理后的投水漂洗常分两次进行，即投水漂洗一次，脱水甩干一次；二次投水漂洗后，再次进行脱水甩干。而且二次脱水甩干时，应尽可能将衣物上的残液脱除干净，然后晾起来，以利于染色的顺利进行。

值得注意的是，采用次氯酸钠进行氧化处理的衣物，最好采用醋酸或海波（硫代硫酸钠，又名大苏打）脱氯（注意：醋酸纤维等改进型人造纤维织物只能用海波进行脱氯）。衣物脱氯处理后，一般需经三次投水漂洗、三次脱水甩干，以便将衣物上残留的次氯酸钠（尤其是厚重衣物上的氯漂液）尽可能清除干净。

第二节　剥色操作条件及其影响因素

待复染救治衣物的剥色处理，要经过剥色、二次剥色处理、氧化（还原）处理、投水漂洗等操作步骤。在这些操作过程中，对溶液的浴比、温度、操作时间以及操作时的物理机械作用等，均要进行控制。不同操作过程中，需加入软水剂、剥色剂（保险粉）、碱剂、匀染剂、渗透剂、氧化剂、还原剂等化工材料。它们的添加量、添加顺序，对衣物的剥色效果均有重要影响。

一、剥色

各类衣物复染救治时最常使用的剥色材料是保险粉。保险粉是一种还原型漂白剂。它改变显色物质的价态，使之变成隐色体，从而使颜色消失。

为了避免剥色后的隐色体再度在空气中被氧化而显色，采用保险粉剥色的衣物应充分进行洗涤和投水漂洗，以便使织物上的隐色体被彻底去除干净。

剥色时保险粉的添加量，一般为 $5 \sim 10g/L$。

1. 浴比

为有利于待复染救治衣物的均匀剥色，一般不宜选用小浴比。大浴比虽然水容积大，利于剥色均匀，但浴液容积大，会使剥色溶液浓度降低，不利于剥色。

因此，大浴比不仅加大了剥色剂的消耗量，而且衣物漂浮在溶液中，使剥色浴液对剥色衣物产生的机械摩擦作用力减弱，也不利于剥色的顺利进行。因此，对待复染救治衣物剥色时，一般也不宜选用大浴比。

通常，剥色浴液的浴比为（20 ～ 30）∶1。

2. 助剂的选择

各种纤维织物进行剥色处理时，一般均采用软水。

为了使保险粉充分发挥剥色作用，待复染衣物剥色时常添加各种助剂。利用各种助剂的协同效应，使衣物的原色逐渐减退或消失，使之接近所需要的颜色甚至变成无色。

衣物质料不同，其耐酸、耐碱、耐氧化剂、耐还原剂的性能不同，剥色时所应选用的剥色助剂也应有所区别。例如：纤维素纤维（棉、麻）、锦纶纤维、涤/棉、涤/黏以及各种改进型人造纤维（醋酸纤维、莫代尔纤维、莱赛尔纤维），由于耐碱性能较强，为了增强保险粉的剥色、炼漂作用，浴液中可适量添加烧碱（苛性钠）。

然而相比之下，黏胶纤维由于遇水之后强度下降近50%，故只能采用碱性较弱的纯碱（碳酸钠）。

蛋白质纤维中的丝纤维、腈纶纤维以及羽绒服中的羽绒不耐强碱，因而剥色时不宜添加烧碱之类的强碱性材料。为了增强保险粉的剥色、炼漂作用，浴液中可适量添加对这类纤维腐蚀性较小的纯碱（碳酸钠）。

毛纤维不耐碱。剥色只能在中性溶液中进行，因而需用氨水或皂液调整浴液的pH。

此外，为了改进和增强剥色效果，剥色浴液中还常常添加匀染剂（平平加）、软水剂（六偏磷酸钠）、渗透剂（JFC）等各种助剂。

3. 助剂的添加量

剥色助剂选定之后，根据待剥色衣物的质料厚薄、颜色深浅、染色牢度等各种状况，合理确定剥色助剂的添加量。

一般情况下，棉、麻、涤/黏、涤/棉等纤维织物剥色时，烧碱的添加量通常为1.5～2g/L。改进型人造纤维剥色时，烧碱的添加量可适当减小，通常取0.5～1g/L。

蛋白质纤维中的丝纤维、腈纶纤维剥色时，纯碱的添加量一般为0.3～0.5g/L。

毛纤维不耐碱，中性浴中剥色效果较好，因而其剥色时，除添加适量平平加外，只能适量添加氨水或肥皂液，调整浴液的pH在中性左右。

其他助剂，如软水剂的添加量一般为0.3～0.5g/L，匀染剂的添加量为0.5～1g/L。纤维素纤维剥色时，为改进和增强剥色效果，浴液中还应按0.2～0.5mL/L的比例，添加适量渗透剂（JFC）。

4．助剂的添加顺序

剥色助剂的种类不同，在剥色过程中所起的作用不尽相同，其添加的顺序多少也有些讲究。

例如，在剥色使用的容器内加入一定量的水后，应先加入软水剂六偏磷酸钠、匀染剂平平加（O-15）。当浴液升至70℃左右时，加入保险粉。若对纤维素纤维织物进行剥色，则溶液中还应加入渗透剂。

实施剥色时，由于黏胶纤维耐强碱性能不及棉、麻纤维，可以改加纯碱，先对黏胶纤维织物剥色。待黏胶纤维织物剥色完成后，残液中添加适量烧碱（苛性钠），再对棉、麻等耐强碱性能较强的纤维素纤维织物进行剥色。

由于保险粉在温度较高的水溶液中分解较快，所以，为获得较为理想的剥色效果，保险粉应分批加入，以避免剥色剂（保险粉）分解、失效。

5．温度

剥色过程中，剥色材料与衣物上的染料等会发生物理、化学作用。一般情况下，温度能加快物理、化学作用的进程和速度。据有关资料介绍，对化学反应来说，温度每升高10℃，化学反应速度即增加一倍。所以，剥色时温度的影响是毋庸置疑的。

一般情况下，浴液达70℃且加入各种助剂溶解、搅匀后，即可置入待剥色衣物。但是，在某些情况下，剥色浴液温度并非越高越好。例如，醋酸纤维、富强纤维、铜氨纤维、莫代尔纤维、莱赛尔纤维等，其剥色浴液温度不能上升过快；丝纤维不能沸煮。

实施衣物剥色时，浴液通常保持在85℃左右。

6．剥色时间

待复染救治衣物剥色的过程，是剥色浴液在一定温度条件下，各种剥色材料和助剂发生化学作用的过程，其需要一定的时间，但也并非时间越长越好。

剥色时间长，剥色相对均匀；但剥色时间过长，不仅浪费能源，而且加重了对织物的腐蚀。和温度的影响相似，剥色时间的长短，与织物的质料、结构、原色牢度，剥色浴液的剥色速度和效能等诸多因素有关。

一般情况下，各种类型衣物的剥色时间大约控制在2～5min。

7. 物理作用

在剥色全过程中，一方面，要使待复染救治衣物完全浸没并悬浮在剥色浴液中；另一方面，还要用相应工具、器具（如木棒、洗衣机等）不断搅动衣物，使衣物在处理浴液中不断地翻来滚去，使含有处理剂的溶液不断地在纤维间穿插流动，使衣物与处理浴液之间、衣物纤维之间，产生相对的摩擦、揉搓作用。

这种物理机械作用，能促使处理剂进入织物纤维间的空隙甚至织物纤维内部，以剥离或取代影响其复染救治效果的各种不利物质。

物理机械作用的强弱，应根据衣物质料、组织结构和期望获得的最佳效果进行多方面的权衡、比较，以免物理作用过强损坏衣物。

例如，真丝织物剥色时，不宜强力搅拌；厚重衣物剥色时，应戴着手套、双手抓着衣物双肩，将衣物提起后往前铺进浴液中，然后用木棒按下去，使其悬浮在浴液中，适当搅拌；西服上衣剥色完毕从剥色容器内取出时，应该用木棒挑着衣领等。这些简单的手工操作虽然科技含量趋近于零，却不能低估其对衣物复染救治效果的影响。

二、二次剥色处理

剥色处理后，某些待复染救治的深色衣物、色彩并非十分艳丽的衣物，如黑色服装等，再经氧化处理或多次投水漂洗，即可晾起并实施复染处理。

二次剥色处理时，根据衣物质料、原色残存状况，既可继续采用保险粉加助剂的方法进行剥色处理，如动物性纤维织物——真丝、羊绒衫、羊毛衫等；也可采用某些具有漂白作用的漂白剂如次氯酸钠、次氯酸、双氧水、高锰酸钾等，对纤维素纤维及化学合成纤维（如棉纤维织物、麻纤维织物、黏胶纤维织物、锦纶纤维织物、腈纶纤维织物、涤/棉混纺织物、涤/黏混纺织物以及典型醋酸纤维织物等）实施二次剥色处理。

1. 次氯酸钠

次氯酸钠有极强的漂白能力，可在低温、硬水、较短时间等条件下将织物漂白，使之达到理想的漂白效果。

但次氯酸钠的漂白能力过强，对织物有不同程度的损伤，因此，需要严格控制氯漂时的工艺操作条件。

采用次氯酸钠漂白时，根据织物质料和原色残存状况，用量一般为20～40mL/L，浴比1∶（15～20），温度不大于65℃，pH控制在10左右，操作时间2～5min。

值得指出的是，采用次氯酸钠实施漂白处理时，其应在浴液高于60℃时加入，否则白色织物容易泛黄。为保持浴液中氯含量的相对稳定，避免短时间内氯含量过高损伤衣物，氯漂液应分批加入。

前文已述，剥色后的织物之所以需要进行二次剥色处理，是由于衣物上仍残存着一些复染时所不需要的色素。这些影响复染效果的色素在织物上的分布是不均匀的，而浴液中氯的分布也不均匀，最终导致色素基团与氯的接触概率不均匀。

因此，分批加入氯漂液，保持浴液中氯含量的相对稳定，则增加了色素基团与氯的接触概率，可以达到较好的二次剥色处理效果。

必须注意的是，次氯酸钠不能用于蛋白质纤维织物的二次剥色（漂白）处理，否则会对织物造成严重的损伤，其一般只适用于棉或棉混纺织物的二次剥色（漂白）处理。

醋酸纤维、富强纤维、铜氨纤维以及莫代尔、莱赛尔纤维等人造纤维，其耐碱及耐氧化剂、耐还原剂的能力稍逊于棉、麻等天然纤维素纤维，因而采用次氯酸钠进行二次剥色处理时，其用量应适当减小，一般为15～30mL/L。

2. 次氯酸

次氯酸属于强氧化剂，会损伤尼龙纤维，引起尼龙纤维大分子链的断裂，使纤维强度降低；采用次氯酸钠剥色（漂白）处理后，尼龙纤维、氨纶纤维等织物容易泛黄，所以，对尼龙纤维织物等进行二次剥色处理时，宜采用次氯酸或亚氯酸钠。

采用次氯酸或亚氯酸钠对尼龙纤维织物等进行二次剥色处理的操作条件，可参照采用次氯酸钠的剥色（漂白）处理。

3. 过氧化氢（双氧水）

腈纶纤维织物进行二次剥色处理时，常采用过氧化氢（双氧水）。

虽然腈纶纤维大分子的主链对酸、碱比较稳定，但其侧链在酸、碱的催化作用下，会发生水解，造成纤维失重，强度降低，甚至完全溶解。在水解反应中，强碱的催化作用会使织物发黄。而腈纶纤维对常用氧化型漂白剂的稳定性良好。

采用过氧化氢对腈纶纤维进行二次处理时，浴比为1∶（20～30），温度80℃，操作时间2～5min，双氧水2～3mL/L。

为加快双氧水的漂白速度，改善和提高二次剥色处理效果，浴液中还需加入0.3～0.5g/L软水剂，0.3～0.5mL/L氨水。

4. 高锰酸钾

前文已述，俗称灰锰氧的高锰酸钾是一种强氧化剂，并可用酸加速反应。某些衣物上有不易剥除的颜色时，也可采用高锰酸钾溶液去除。

高锰酸钾易溶于水，水溶液呈紫色，因其会使织物纤维的强度变弱，故使用时不宜长时间浸泡衣物。

用高锰酸钾处理过的衣物，衣物上会留下棕色痕迹，可用过氧化物、醋酸或还原剂去除。

采用高锰酸钾剥色时，要注意其对织物纤维的不利影响。

三、氧化（还原）处理

蛋白质纤维织物（真丝、羊毛衫、羊绒衫等）用保险粉加助剂的方法进行剥色处理和二次剥色处理后，还需进行氧化处理。

在采用过氧化氢对蛋白质纤维织物进行氧化处理时，浴比1∶（20～30），温度90℃，时间2～3min，双氧水1.5～3mL/L，氨水0.3～0.5mL/L，软水剂0.3～0.5g/L，匀染剂平平加0.5～1g/L。

还原处理，为尽可能去除采用含氯氧化剂（如次氯酸钠、次氯酸、亚氯酸钠）进行二次剥色处理衣物上可能残存的氯，常在投水漂洗时添加醋酸或海波（硫代硫酸钠）等还原型物质，对衣物进行脱氯处理。

进行还原处理时，还原剂的添加量一般为：醋酸1～3mL/L或海波1～3g/L。

衣物经脱氯处理后，还需进行投水漂洗。

四、投水漂洗

剥色处理、二次剥色处理以及氧化（还原）处理之后，待复染衣物上还会残存有某些影响衣物复染救治效果的化学药剂。因此，就需要用一定量的水来稀释织物上的残留物，并在相应的物理作用下（如搅拌或采用洗衣机），使衣物上的残留物扩散到清水中。

1. 水位和过水次数

为尽可能稀释衣物上残存的化学药剂，增加衣物上化学药剂与洗涤液的浓度差，可加速扩散作用。剥色处理后衣物在投水漂洗时，通常选用高水位、大浴比，并至少进行两次。

应该指出的是，不同织物，其投水漂洗次数与织物质料、组织结构以及各种化学药剂的用量等因素有关。采用保险粉加助剂的方法进行剥色处理的蛋白质纤维织物氧化处理后，一般需投水漂洗两次；而采用保险粉加助剂的方法剥色，并采用次氯酸钠进行二次剥色处理的衣物，一般需投水漂洗三次。

2. 温度和时间

织物进行多次投水漂洗时，水温应保持梯度下降，以使织物纤维持续保持溶胀状态，不会因发生骤然冷却而收缩，这将有利于衣物上残存的化学药剂从纤维中扩散出去，也可避免某些衣物产生明显变形。

每次投水漂洗的时间，可根据所用容器或洗衣机容量的大小，选择 $1 \sim 2\text{min}$ 左右。

3. 脱水甩干

为尽可能将待复染救治衣物上残存的化学药剂排除干净，每次投水漂洗过后，均应进行一次脱水甩干。最后一次脱水甩干时，还应适当延长相应时间，以尽可能降低衣物的含水率。

对于容易产生破损、变形的个别衣物，如毛衣、羊毛衫、羊绒衫、轻薄易损衣物等，脱水甩干时应采取相应保护性措施，以免发生意外。

第三节　剥色注意事项

剥色，是带有色泽事故的衣物实施复染救治前进行的十分重要的加工工艺操作，对衣物的复染救治效果起着举足轻重的作用。因此，在对带有色泽事故的衣物进行剥色处理时，应关注以下几方面的问题。

① 剥色前，一定要正确鉴别衣物质料，以便合理选择剥色材料和操作工艺。

② 根据顾客需求，制作符合衣物复染效果的色标。

③ 认真清理待剥色衣物上的饰物、配件，恰如其分地选择、开启"放气口"。

④ 为节省能源和剥色材料，剥色时应坚持先丝、毛，后黏胶，再棉、麻；先浅色，后中等色，再深色；先艳丽，后晦暗的原则。

⑤ 实施剥色时，保险粉、次氯酸钠以及重要剥色助剂（如碱剂）应分批加入，以确保浴液浓度始终保持均衡；随着剥色操作的持续进行，水量的逐步添加，剥色材料和助剂等也应逐步添加，以免影响剥色效果。

⑥ 各类衣物剥色时，应逐件实施剥色处理；衣物上配置的帽子、腰带、袖带等，应用坚牢的缝线钉缝在衣物上，以免出现色差。

⑦ 丝、毛制品以及轻薄、易损织物剥色时，应严格控制剥色操作条件和搅拌、翻动等物理机械作用，以免损坏衣物。

⑧ 剥色处理后若料面发红，说明氧化过度，则需重新进行剥色处理。

⑨ 剥色处理后，应尽可能将衣物上残存的化学药剂投水漂洗干净，否则会显著影响复染救治效果。例如，若碱剂投不净，则衣物复染后泛白霜，若布缝中仍有残留氯，则影响衣物复染后的布缝颜色。

⑩ 特别值得注意的是，某些衣物（如溴靛蓝染料染成的衣物）剥色处理后，其剥离的色淀会污染剥色用容器（不锈钢桶）、洗衣机、木棒、手套等工具、用具，对此，应及时进行清洁处理，以免对其他衣物的剥色处理构成威胁，造成搭色、串色。

第四节　典型纤维织物的剥色操作

织物的质料不同，款式风格不同，色泽深浅不同，剥色时选用的剥色材料和操作工艺存在极大差别。下面把几种典型纤维织物的剥色操作总结如下。

一、蛋白质纤维织物的剥色操作

蛋白质纤维织物的典型代表有真丝T恤衫、纯毛背心、羊毛衫、羊绒衫等。这类纤维织物的剥色工艺操作如下。

1. 剥色处理

保险粉	5～10g/L
平平加	2～4g/L
碳酸钠	0.5g/L
软水剂	0.3～0.5g/L
浴比	1 :（20～30）
温度	85℃
时间	2～5min

注意事项：

水温升至70℃时加入除保险粉之外的其他化学药剂，待其溶解后，加入部分保险粉，其余保险粉分批加入。待上述化学药剂溶解并搅拌均匀后，加入待剥色衣物，随时搅拌、翻动，用木棍将衣物拨展开，并观察织物剥色状况。若剥色速度降低，可随时加入余量保险粉，并加以搅拌、翻动。

丝纤维耐碱性能虽比毛纤维稍强，但不能沸煮。

毛纤维不耐碱，中性浴中剥色效果好，浴液中不能加碱，可添加适量氨水或肥皂液。

黑色织物可不加平平加。甚至某些黑色织物用平平加溶液浸泡后，可直接复染救治，不必进行剥色处理。

剥色时间到，用木棒从容器内挑出衣物，适当控净剥色溶液。若剥色效果比较理想，则投水漂洗两次，脱水甩干两次；若剥色效果不太理想，还需进行二次剥色处理，则投水漂洗一次，脱水甩干一次即可。

其他参考操作方案如下。

① 羊毛纤维织物剥色

    尼凡丁AN   4%

    草酸   2%

    浴比   1∶40

    温度   100℃

    时间   20～30min

30min内升温至100℃，保温处理20～30min，然后清洗。

② 真丝纤维织物剥色

    保险粉   5%～10%

    平平加   0.2g/L

    纯碱   0.5g/L

    浴比   1∶30

    温度   80℃

    时间   15～20min

注意事项：

若温度过高，或纯碱添加过量，则织物容易失去光泽；若平平加添加过量，缎纹织物容易起毛。

2. 二次剥色处理

    保险粉   5～10g/L

    平平加   0.5～1g/L

    碳酸钠   0.3g/L

    软水剂   0.3～0.5g/L

    浴比   1∶（20～30）

    温度   85℃

　　时间　　　　2～5min

注意事项：

毛纤维不耐碱，浴液中不加碱，可适量添加氨水或皂液。

3．氧化处理

　　过氧化氢　　1.5～3mL/L

　　平平加　　　0.5～1g/L

　　碳酸钠　　　0.3g/L

　　软水剂　　　0.3～0.5g/L

　　浴比　　　　1：（20～30）

　　温度　　　　90℃

　　时间　　　　2～3min

注意事项：

毛纤维不耐碱，浴液中不加碱，可适量添加氨水或皂液。

4．投水漂洗

一般投水漂洗两次，脱水甩干两次。第二次脱水甩干时，应适当延长甩干时间。

易产生破损、变形的特殊衣物，如毛衣、羊毛衫、羊绒衫、轻薄易损衣物等，投水漂洗以及脱水甩干时应采取相应保护性措施，以免发生意外。

二、纤维素纤维织物的剥色操作

纤维素纤维的典型代表有棉纤维、麻纤维和黏胶纤维等。这类纤维织物的剥色工艺操作如下。

1．剥色处理

　　保险粉　　　5～10g/L

　　平平加　　　0.5～1g/L

　　苛性钠　　　1.5～2g/L

　　软水剂　　　0.3～0.5g/L

渗透剂　　　0.2 ～ 0.5mL/L

浴比　　　　1 ：（20 ～ 30）

温度　　　　85℃以上

时间　　　　2 ～ 5min

注意事项：

水温升至70℃时加入除保险粉之外的其他化学药剂，待其溶解后，加入部分保险粉，其余保险粉分批加入。待上述化学药剂溶解并搅拌均匀后，加入待剥色衣物，随时搅拌、翻动，用木棍将衣物拨展开，并观察织物剥色状况。若剥色速度降低，可随时加入余量保险粉，并加以搅拌、翻动。

为充分利用剥色浴液，可先对黏胶纤维织物进行剥色。黏胶纤维耐强碱性能较差，可少加烧碱，或采用纯碱（碳酸钠）代替。

剥色完毕后，投水漂洗两次，脱水甩干两次。第二次脱水甩干时，适当延长甩干时间，尽可能将保险粉溶液脱除干净，防止可能带有保险粉的溶液与其后采用的氯漂白剂发生反应，降低氯漂液浓度，影响氯漂效果。

2. 二次剥色处理

次氯酸钠　　　20 ～ 40mL/L

碳酸钠　　　　0.3g/L（少加或不加）

渗透剂　　　　0.2 ～ 0.5mL/L

浴比　　　　　1 ：（15 ～ 20）

温度　　　　　不大于65℃

时间　　　　　2 ～ 5min

注意事项：

次氯酸钠应分批加入，以确保浴液中氯浓度始终保持均衡。

通常氯漂后，需投水漂洗三次，脱水甩干三次。为避免某些衣物由氯残留造成织物脆损，影响复染救治效果，最好用醋酸或海波进行脱氯处理。醋酸用量为1.3mL/L，海波用量为1 ～ 3g/L。

注意：醋酸纤维等不能采用醋酸脱氯，只能采用还原剂（海波等）脱氯。

一般衣物，经二次剥色处理及投漂、甩干之后，即可晾起准备复染。

个别浅色或色彩艳丽的衣物上可能残存某些色素或色淀。为确保复染救治效果，二次剥色处理后，这类衣物可再进行氧化处理。

3. 氧化处理

过氧化氢	1.5～3mL/L
平平加	0.5～1g/L
碳酸钠	0.3g/L
软水剂	0.3～0.5g/L
浴比	1：（20～30）
温度	90℃
时间	2～3min

注意事项：

经氧化处理的衣物，再经投水漂洗和脱水甩干，即可晾起准备复染。

三、锦纶纤维织物的剥色操作

1. 剥色处理

保险粉	5～10g/L
平平加	0.5～1g/L
苛性钠	1.5～2g/L
软水剂	0.3～0.5g/L
浴比	1：（20～30）
温度	85℃以上
时间	2～5min

注意事项：

水温至70℃时，加入除保险粉之外的其他各种化学药剂和部分保险粉，其余保险粉分批加入。待上述化学药剂溶解并搅拌均匀后，加入待剥色衣物，随时搅拌、翻动，用木棍将衣物拨展开，并观察织物剥色状况。若剥色速度降低，可随时加入余量保险粉，并加以搅拌、翻动。

为充分利用剥色浴液，可先对面料为尼龙纤维的羽绒服之类的衣物进行剥色。

但羽绒服中的羽绒耐强碱性能较差，不宜添加烧碱，可适量添加纯碱（0.5g/L），以防止羽绒受损。

剥色完毕，投水漂洗两次，脱水甩干两次。第二次脱水甩干时，适当延长甩干时间，尽可能将保险粉溶液脱除干净，以免减弱其后进行的氯漂作用。

2. 二次剥色处理

尼龙纤维的耐氯漂性能较差，若采用次氯酸钠进行二次剥色处理，面料则容易呈浅黄色，故而采用次氯酸。

次氯酸 20～40mL/L

碳酸钠 0.3g/L

渗透剂 0.2～0.5mL/L

浴比 1 ：（15～20）

温度 不大于65℃

时间 2～5min

注意事项：

次氯酸也应分批加入，以确保浴液中氯浓度始终保持均衡。

氯漂后，通常需投水漂洗三次，脱水甩干三次。为避免某些衣物由于氯残留影响复染救治效果，最好用醋酸或海波进行脱氯处理。醋酸用量1.3mL/L，海波用量1～3g/L。

一般衣物，经二次剥色处理及投漂、甩干之后，即可晾起准备复染。

为确保复染救治效果，个别浅色或色彩艳丽的衣物经二次漂白处理后，可再进行氧化处理。

3. 氧化处理

过氧化氢 1.5～3mL/L

平平加 0.5～1g/L

碳酸钠 0.3g/L

软水剂 0.3～0.5g/L

浴比 1 ：（20～30）

温度 90℃

时间　　　　2～3min

注意事项：

经氧化处理的衣物，再经投水漂洗和脱水甩干，即可晾起准备复染。

四、腈纶纤维织物的剥色操作

1. 剥色处理

保险粉　　　　5～10g/L

平平加　　　　0.5～1g/L

碳酸钠　　　　0.3～0.5g/L

软水剂　　　　0.3～0.5g/L

浴比　　　　　1：（20～30）

温度　　　　　85℃

时间　　　　　2～5min

注意事项：

水温至70℃时，加入除保险粉之外的其他各种化学药剂和部分保险粉，其余保险粉分批加入。待上述化学药剂溶解并搅拌均匀后，加入待剥色衣物，随时搅拌、翻动，用木棍将衣物拨展开，并观察织物剥色状况。若剥色速度降低，可随时加入余量保险粉，并加以搅拌、翻动。

剥色完毕，投水漂洗两次，脱水甩干两次。第二次脱水甩干时，适当延长甩干时间，尽可能将可能含有保险粉的溶液脱除干净，以免减弱其后进行的氧化处理作用。

2. 氧化处理

过氧化氢　　　2～3mL/L

氨水　　　　　0.3～0.5ml/L

软水剂　　　　0.3～0.5g/L

浴比　　　　　1：（20～30）

温度　　　　　80℃

时间　　　　　2～3min

注意事项：

腈纶纤维中的膨体纱织物不耐高温，否则易变形，处理时温度不能超过55℃。

3. 投水漂洗

一般应投水漂洗两次，脱水甩干两次。第二次脱水甩干时，应适当延长甩干时间。

易产生破损、变形的特殊衣物，如针织品、轻薄易损衣物等，投水漂洗以及脱水甩干时应采取相应保护性措施，以免发生意外。

五、涤纶与棉或黏胶纤维混纺织物的剥色操作

1. 剥色处理

保险粉	5～10g/L
平平加	0.5～1g/L
苛性钠	1.5～2g/L
软水剂	0.3～0.5g/L
渗透剂	0.2～0.5mL/L
浴比	1：（20～30）
温度	85℃以上
时间	2～5min

注意事项：

水温至70℃时，加入除保险粉之外的其他各种化学药剂和部分保险粉，其余保险粉分批加入。待上述化学药剂溶解并搅拌均匀后，加入待剥色衣物，随时搅拌、翻动，用木棍将衣物拨展开，并观察织物剥色状况。若剥色速度降低，可随时加入余量保险粉，并加以搅拌、翻动。

剥色完毕，投水漂洗两次，脱水甩干两次。第二次脱水甩干时，适当延长甩干时间，尤其带有胸衬、垫肩的衣物，应尽可能将保险粉溶液脱除干净，以免减弱其后进行的氯漂作用。

某些纯涤纶纤维的浅色以及中等色织物，由于采用分散染料染色，采用保险

粉很难将其上的颜色剥掉，因此，可以采用下述方法进行剥色处理。

次氯酸钠 5%

草酸 1.6%

浴比 1：15

温度 100℃

时间 25～30min

值得指出的是，由于次氯酸钠在酸性条件下的腐蚀性极强，故这种方法仅适用于纯涤纶纤维织物的剥色处理。

2. 漂白处理

次氯酸钠 20～40mL/L

碳酸钠 0.3g/L

渗透剂 0.2～0.5ml/L

浴比 1：（15～20）

温度 不大于65℃

时间 2～5min

注意事项：

次氯酸钠应分批加入，以确保浴液中氯浓度始终保持均衡。

氯漂后，通常需投水漂洗三次，脱水甩干三次。为避免某些衣物由于氯残留影响复染救治效果，最好用醋酸或海波进行脱氯处理。醋酸用量1.3mL/L，海波用量1～3g/L。

一般衣物，经二次剥色处理及投漂、甩干之后，即可晾起准备复染。

为确保复染救治效果，个别浅色或色彩艳丽的衣物二次剥色（漂白）处理后，可再进行氧化处理。

3. 氧化处理

过氧化氢 1.5～3mL/L

平平加 0.5～1g/L

碳酸钠 0.3g/L

软水剂 0.3～0.5g/L

浴比   1：（20～30）

温度   90℃

时间   2～3min

注意事项：

经氧化处理的衣物，再经投水漂洗和脱水甩干，即可晾起准备复染。

六、改进型人造纤维织物的剥色操作

改进型人造纤维包括醋酸纤维、富强纤维、铜氨纤维、莫代尔纤维以及莱赛尔纤维等。这类纤维织物的剥色工艺操作如下。

1．剥色处理

保险粉   5～10g/L

平平加   0.5～1g/L

苛性钠   0.5g/L左右或碳酸钠1～1.5g/L

软水剂   0.3～0.5g/L

浴比   1：（20～30）

温度   85℃左右

时间   2～5min

注意事项：

水温至70℃时，加入除保险粉之外的其他各种化学药剂和部分保险粉，其余保险粉分批加入。待上述化学药剂溶解并搅拌均匀后，加入待剥色衣物，随时搅拌、翻动，用木棍将衣物拨展开，并观察织物剥色状况。若剥色速度降低，可随时加入余量保险粉，并加以搅拌、翻动。

这类纤维的耐强碱性能较差，或少加烧碱，或采用纯碱代替，且升温速度不能太快。

剥色完毕，投水漂洗两次，脱水甩干两次。第二次脱水甩干时，适当延长甩干时间，尽可能将可能含有保险粉的溶液脱除干净，以免减弱其后进行的氯漂作用。

2. 二次剥色处理

次氯酸钠　　　15～30mL/L

碳酸钠　　　　0.3g/L

渗透剂　　　　0.2～0.5mL/L

浴比　　　　　1 ：（15～20）

温度　　　　　30℃（冷漂）或45℃（温漂）

时间　　　　　5～10min

注意事项：

次氯酸钠应分批加入，以确保浴液中氯浓度始终保持均衡。

通常氯漂后，需投水漂洗三次，脱水甩干三次。为避免某些衣物由于氯残留影响复染救治效果，最好用海波进行脱氯处理。海波用量1～3g/L。

一般衣物，经二次剥色处理及投漂、甩干之后，即可晾起准备复染。

为确保复染救治效果，个别浅色或色彩艳丽的衣物二次剥色（漂白）处理后，可再进行氧化处理。

3. 氧化处理

过氧化氢　　　1.5～3mL/L

平平加　　　　0.5～1g/L

碳酸钠　　　　0.3g/L

软水剂　　　　0.3～0.5g/L

浴比　　　　　1 ：（20～30）

温度　　　　　90℃

时间　　　　　2～3min

注意事项：

经氧化处理的衣物，再经投水漂洗和脱水甩干，即可晾起准备复染。

第七章 事故衣物复染救治工艺操作

第一节 直接染料复染救治

前文已述，衣物质料不同，与其相适应的染料不可能完全一样；而染料种类不同，其性能也存在较大差异。因此，采用不同性能的染料进行衣物复染救治时，应制定不同染料所需要的染色工艺条件，以期获得较为理想的效果。

下面，从采用直接染料进行衣物的复染救治开始，简单探讨采用不同染料进行衣物手工复染救治时的工艺操作问题。

一、直接染料染色的主要特点

直接染料色谱齐全，价格便宜，不需依赖其他化学药剂即可直接染着于纤维，因此染色操作十分方便，但各项牢度较差，尤其是湿处理牢度差，必须经固色处理提高染色牢度。

由于直接染料的色素部分属阴离子型，大多数直接染料可用阳离子型的固色剂进行处理，以提高其湿处理及耐晒牢度。

在弱碱性或中性介质中，直接染料可用于纤维素纤维染色，在弱酸性或中性介质中可用于蛋白质纤维染色，例如，采用直接耐晒黑G染真丝织物，衣物的色泽和光泽均比较理想。

直接染料均属阴离子型染料，其色素部分在水中离解成带负电荷的离子。由于纤维在水中也带负电荷，染料和纤维之间存在静电斥力，因此，染液中需加入盐（食盐或元明粉），以降低电荷斥力，增加染料对纤维的亲和力，帮助染料分子上染到纤维上，起到促染的作用，缩短染色时间。

在衣物染色过程中，大多数直接染料遇硬水中的钙、镁离子会产生沉淀。因此，直接染料在硬水中实施染色不仅会加大染料消耗量，而且会影响织物的染色效果。

在直接染料的染浴中加入碱剂（如纯碱等），既可增加染料在水中的溶解度，又起一定软化硬水的作用。

纯碱及其其他染色助剂（如元明粉、渗透剂、平平加）等，有利于吸附在纤维表面的染料分子，通过纤维孔道不断向纤维素纤维的无定形区扩散，避免织物纤维表面出现亮光或色斑。

直接染料有优异的移染性。随着染液温度的提高，染色时间的延长，染料分子在纤维上的吸附、扩散、固着作用交替进行，染料在纤维上不断进行重新分布，达到匀染目的。

温度对不同直接染料上染性能的影响是不同的。大多数直接染料在100℃左右的高温条件下才能获得理想的染色效果。但某些低温直接染料（上染温度为70℃以下）和中温直接染料（上染温度为70～80℃）以及某些织物纤维（如真丝织物），染色温度过高，染色效果反而不理想。

直接染料通常在中性或弱碱性条件下进行染色。在碱性介质中完全溶解的染料，有时当染液的pH下降至7以下时，染料的溶解度显著降低。因此，当采用直接染料与分散染料同浴复染时，必须兼顾这两类染料对pH的稳定性。

事故服装染色救治时，直接染料主要用于棉纤维、麻纤维、黏胶纤维、毛纤维、丝纤维、维纶纤维、氨纶纤维、皮革制品等中低档制品，如针织品、汗布、绒衣、内衣等。

二、直接染料复染救治的工艺操作

1. 调配染液

按照所需份数（百分比）的不同，将染料分别置于透明的玻璃杯内，加入温水溶解、备用。

染料的用量：一般浅色衣物，染料用量一般为衣物重量的0.1%～1%；中等色为衣物重量的1%～3%；深色衣物，染料用量一般为衣物重量的3%～5%。

衣物复染救治所用的器具（不锈钢桶或染色机）内加入少量清水后，加入所需助剂：

平平加，0.1～0.2g/L，起缓染、匀染、渗透作用，使浅色衣物的颜色更加靓丽，但平平加添加量不宜过多，过多不易上色；

纯碱，0.1～0.2g/L，提高染液pH，增加上色率，使衣物染后的色彩更加鲜艳，同时也起到一定软化水作用；

渗透剂JFC，0.1g/L，一般染浅色时可以不加或少加；但染深色时添加，以加速染料的渗透、扩散，使染后衣物的颜色更加饱满；

元明粉，5～30g/L，一般染浅色时可以不加或少加；染深色时添加，以增强染料与织物纤维的亲和力，起促染作用。但添加量不宜过多、添加不宜过早，否则染液中的电解质浓度太高，使染料胶体凝聚而沉淀，影响染色效果。

衣物染色救治时，先将元明粉溶解备用，一般在染液升至70～80℃时再分批加入，以避免过早添加导致衣物不易染透而染花。

除元明粉外的其他助剂添加完毕后，加温至助剂完全溶解，桶内兑清水至所需浴比［一般1∶（30～50）］。

浴液升温至45℃时，加入溶解好的主色和次色，搅拌均匀后检查"水色"。若相差较明显，则需加入相应溶解好的染料，直到染液的"水色"基本符合要求。

2. 上染

染液的"水色"基本符合要求后，放入待染衣物。待衣物被染液润湿后，一边适当搅拌，一边缓慢升温至100℃，其间大约需要20min左右。

值得注意的是，染液升温速度不宜过快，以使衣物的缝线、门襟、裤襻等较厚部位"吃进"染料染透。

大多数直接染料只有在高温下进行染色，才能获得较为理想的染色效果，如直接铜盐蓝2R（直接藏青B），染液在100℃时亲和力最大。但某些直接染料升高温度后，其上染率（亲和力）反而降低，如直接耐晒嫩黄5GL，其染液在25～40℃时亲和力最大。

所以，采用直接染料进行衣物染色救治时，直接染料类型不同，其最佳上染温度是不完全相同的。

采用直接染料复染深色衣物，当染液升至70～80℃时，将溶解好的元明粉溶液分批加入染液，且保温续染15～20min，以增加染色深度。

3. 审样和续染

为确保衣物色泽纯正，符合色样要求，当衣物在染液中经过一段时间的染色处理后，应及时检查复染中的衣物颜色，即"审样"，以便及时对染液颜色进行调整、拼配。

对复染救治的衣物实施审样时，利用木棍将衣物质料较薄部位（如下摆等处，切记不能是袖口、领口等衣物较厚部位）从染液内捞出，冷水冲净表面浮色，用毛巾包裹好后适当挤干，与色样进行对比。

若衣物颜色与色样相差明显，则应先将衣物从染液内取出，适当控净染液，并及时在染液中添加相应溶解好的染料，继续对衣物进行保温染色处理。

若衣物颜色与色样相差不太明显，可利用洁净毛巾，将审样处裹好，挤干染液后，利用电吹风将该处吹干，再与色样进行对比。

衣物质料不同，其干、湿不同状态下的颜色深浅是不完全相同的。某些纤维织物，如黏胶纤维、毛纤维织物，其湿态下颜色稍浅，干态下颜色略深；而丝纤维、棉纤维织物则刚好相反，其湿态下的颜色略深，干态下的颜色稍浅。

因此，在对复染救治的衣物实施审样时，要尽可能对衣物的待审样处进行干燥处理（利用电吹风），以确保衣物色泽符合色样要求。

审样时，一般应选择自然光线较为充足的场地，但要避开直射的阳光。此外，进行颜色对比检查时，为确保所染色调和要求尽可能一致，不能两眼死死盯着色样或衣物，避免因眼睛疲劳引起色差。

审样过程中，应采取背光的位置，将待审部位对着光线与色样进行对比；而观察色泽深度时，则应将待观察部位按水平方向抚平。

审样应在自然光线下进行。审样前应闭目几秒钟以养眼力，然后在睁眼后的2s之内结束观察，得出结论。

当复染后的衣物颜色与"色样"存在某些差异时，既可补加某种染料以调整衣物色泽，也可采用添加元明粉（溶液）或延长染色时间的方法，以增加颜色的深度。

经审样检查合格、符合要求的复染衣物，需重新置入染液中，根据染液温度状况，或加温续染，或保温续染3～5min，以确保衣物边角、裤腰、裤襻、缝线等较厚部位染透，色泽饱满、均匀，避免局部出现色花。

4. 后处理

浅色衣物经染色处理后，投水1～2次去除浮色，经脱水甩干即可进行晾干。

中等色及深色衣物经染色处理、投水去除浮色、脱水甩干后，还需用衣物重量3%左右的固色剂Y进行固色处理，以提高衣物的耐水洗、耐日晒、耐摩擦等牢度。

处理容器（染色机）内添加清水［浴比1：（15～20）］，升温至50～60℃，按比例加入固色剂Y，搅拌均匀后，按固色剂15%左右的比例加入醋酸，再次搅拌均匀后加入待固色的衣物，视衣物颜色深浅，保温处理15～30min（衣物处理时间长些效果好），取出衣物后投水漂洗一次，甩干后阴凉通风处晾干。

值得注意的是，复染后的衣物进行固色处理前，必须将衣物上的浮色投水漂洗干净，否则，游移的染料浮色会在衣物上造成色差，显著影响衣物复染救治效果。

特别是深色织物，必要时应该在固色处理前，采用温水，投水漂洗3次，脱水甩干3次，以彻底清除衣物上存在的游移染料，待衣物干燥后再进行固色处理，否则，衣物上出现红色色淀，尤其会在衣物缝线、门襟、边角、裤襻、兜盖等较厚部位显露"红筋"。

经固色处理的衣物一旦出现"红筋"，必须用碱（烧碱或纯碱）煮炼，进行

"剥色"处理，投水漂洗后，重新进行染色处理。

通常，浅色衣物不进行固色处理，而中等色，尤其深色（如黑色、藏蓝、墨绿等）衣物均需进行固色处理。

三、直接染料复染救治的工艺操作曲线

1. 复染救治操作曲线

直接染料染液升温操作曲线如图7-1所示。

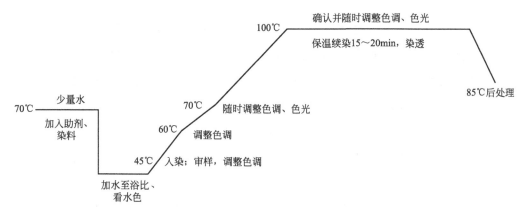

图7-1　直接染料染液升温操作曲线

2. 操作说明

① 染缸内加少量水，升温至70℃左右，加入助剂（纯碱、平平加、渗透剂），待其溶解后，搅拌均匀，加入溶解好的染料，再次搅拌均匀；元明粉称重后，用水单独溶解、备用。

② 加水至浴比：浅色1∶50；中等色1∶40；深色1∶30；搅拌均匀后，看水色。

③ 染液升温至45℃时，置入待复染救治衣物，入染，缓慢搅拌。

④ 衣物入染2～3min后，审样，调整色调，注意不停顿地缓慢搅拌。

⑤ 染液逐步升温至60℃，继续调整色调，缓慢升温至70℃；分批加入溶解好的元明粉溶液，注意不停顿地缓慢搅拌。

⑥ 随时调整染液色调、色光，染液缓慢升温至100℃，注意不停顿地缓慢

搅拌。

⑦ 染液升至100℃时，最后确认染液色调、色光，注意不停顿地缓慢搅拌。

⑧ 保温续染15～20min，随时调整色调、色光，注意不停顿地缓慢搅拌。

⑨ 衣物染透后，自然降温，注意不停顿地缓慢搅拌。

⑩ 取出衣物，投水漂洗，进行后处理操作。

四、直接染料复染救治的主要影响因素

1. 染液浓度

采用直接染料进行衣物染色时，染液浓度的高低直接影响被染衣物的颜色深度和色彩鲜艳度，而制约染液浓度的主要因素有两个——染料用量和浴比。

毋庸置疑，当染液中的染料增加时，织物纤维吸附的染料也不断增加，直到染液浓度达到某个限度，纤维的吸附量才不再增加。

为了达到一定的色泽深度，浅色衣物的染料用量必要时可增加至4%左右，中等色可增加至4%～6%，而深色衣物一般可增加至6%以上。

浴比是指织物重量与染液体积之比。等量的染料，浴比大则染液浓度低，从而使染后的衣物得色浅；浴比小则染液浓度高，因而染后的衣物得色深。一般情况下，浅色衣物的浴比稍大，而深色衣物的浴比相对较小。

2. 助剂

采用直接染料染色时，一般均需要添加一些助剂来提高染料的上染率和匀染性等。这些助剂大多是电解质，它们对直接染料的染色效果影响很大。

通常，直接染料染色时助剂添加量适当，有利于提高染料的上染率。但是，若助剂添加量过多，染液的电解质浓度过高，则会破坏染液的胶体状态，使染料析出，反而影响染料的上染。

（1）纯碱　大多数直接染料遇硬水中的钙、镁离子会产生沉淀。因此，直接染料在硬水中实施染色时不仅会加大染料消耗量，而且会影响织物的染色效果。

因此，在直接染料的染浴中加入纯碱，既可增加染料在水中的溶解度，又起一定软化硬水的作用。然而当待复染救治的衣物为黏胶纤维织物时，纯碱会造成黏胶纤维强度的下降，因而最好改用接近中性的六偏磷酸钠作软水剂。

（2）元明粉　采用直接染料染色时的促染剂，以增强染料与织物纤维的亲和力，起促染作用。但添加量不宜过多、添加不宜过早，否则始染时的上染速度过快，容易造成染色不匀，应在衣物入染一段时间后分批加入。

元明粉的添加量，可根据染料种类及色泽深浅而定。一般染料上染率较低或染深色时可适量多加，染浅色时可少加或不加。

（3）其他助剂　采用直接染料染色时加入平平加和渗透剂，可以获得较为理想的匀染和渗透效果，使衣物复染后的色泽更加饱满，色彩更加靓丽。但添加量不宜过多，以免影响织物纤维上色。

3. 染色温度

在一定的染色条件下，不同直接染料，获得较高上染率时的温度是不同的。有些直接染料，在较低温度下即可获得较高的上染率，染液温度升高，其上染率反而降低；而有些直接染料，染液温度较低时上染率低，只有升高染液温度，才能获得较高的上染率。

因此，采用直接染料进行衣物复染救治时，不仅要在颜色复配时考虑不同染料上染温度的影响，实施染色过程中，更要严格控制染液的温度。

4. 染色时间

纤维染色过程中，染液中的染料分子或离子首先向纤维表面靠近、扩散，当染液中的染料分子或离子靠近织物纤维时，染料从染液中被吸附到纤维表面，然后从纤维表面向纤维内部渗透、扩散，最后在纤维上固着。

在染色过程中，染料的吸附、扩散、渗透、固着是相互影响、交替进行的，最终达到某种平衡。诚然，在染液中添加助剂有利于染料的上染，但是，要想使织物纤维对染料的吸附达到最大值，衣物的色泽达到最理想的状态，则需要一定的时间。时间过短，染色不能达到动态平衡，染料未被织物纤维充分吸附；而时间过长，不仅浪费能源，还可能对衣物造成某种损伤。

5. 混纺织物的适应性

采用直接染料对纤维素纤维与化学合成纤维的混纺织物进行复染救治时，应考虑以下几方面的问题：

① 选用直接染料中耐晒牢度较好的产品。

② 直接染料在复染救治过程中对化学合成纤维的沾色较少。

③ 直接染料与合纤用染料的相容性。

④ 直接染料在混纺织物复染救治条件下的稳定性。

第二节　活性染料复染救治

一、活性染料染色的主要特点

活性染料，能直接溶于水，其分子结构中有一个或几个活性基团，在一定条件下，能和纤维中的某些活性基团发生化学反应，以某种化学键将染料与纤维结合起来，所以，活性染料又称反应性染料。

活性染料色谱齐全，色泽鲜艳，应用比较方便，价格较直接染料、硫化染料稍贵，染色牢度好。尤其某些带有渍底、暗渍、挫伤等事故的衣物，采用活性染料具有一定的遮盖作用，是目前棉纤维、麻纤维、黏胶纤维、氨纶纤维、维纶纤维、丝纤维、毛纤维及纺织品印花制品（如针织品、毛巾、床单、台布、T恤衫等浅色及中等色制品）复染救治的主要染料。

一般情况下，活性染料的水溶性较好（个别类型的活性染料除外），耐硬水。

但活性染料染深色织物时效果不太理想。染色过程中，部分活性染料容易水解，导致染料利用率不高。此外，某些类型的活性染料耐日晒、耐气候牢度较差。

按照活性基团的不同，活性染料可分为多种类型。织物纤维质料不同，适合其染色的活性染料类型不同，所需要的染色条件也存在一定差异。

在碱性条件下，纤维素纤维采用活性染料染色时，其形成离子化纤维，与染料以化学键结合。因此，纤维素纤维采用活性染料染色时，染液中需加入一定量的碱。

然而在碱性条件下，活性染料也会发生水解。染色过程中，若碱性太弱，则染料与纤维的反应效率低；而碱性过强，染料水解严重，也会降低染色效率。根据染料的反应性能和用量，实施事故衣物复染救治时，应选择适宜的碱剂。

一般活性染料分子结构比较简单，在水中的溶解度较高。为了提高染料的上染率和固色率，通常需要在染液中添加大量的无机盐（食盐或元明粉）促染。值得注意的是，无机盐的用量应适中，用量过高会使溶解度低的染料产生沉淀，会使匀染性较差的染料出现染色不匀。

上染在纤维素纤维上的染料，并不能全部与纤维发生化学反应。此外，碱性溶液中水解的染料也会吸附在纤维上。这些未与纤维结合的染料，会显著影响织物的湿牢度。因此，事故衣物经染色救治后，还需进行皂洗处理，以便将纤维上未与纤维反应的染料以及在碱性溶液中水解的染料去除干净。

活性染料用于蛋白质纤维染色时，色泽鲜艳，固着率高，染色牢度较好。这是由于蛋白质纤维分子上同时含有酸性基团（—COOH）和碱性基团（—NH_2），具有两性性质，活性染料在弱酸性、中性或弱碱性条件下，都能上染蛋白质纤维，典型的例子有真丝纤维。

在弱酸性染浴中，丝纤维的上染率高，但湿处理牢度较差；在中性染浴中，丝纤维的色泽鲜艳；在弱碱性染浴中，由于固着率高，丝纤维的湿处理牢度优于中性条件下的染色。但丝纤维耐碱性较差，因此，染液的pH不能太高，应控制在8～9之间，否则会影响真丝纤维的光泽和手感。

活性染料用于毛纤维染色时，是一类合成的专用于毛纤维染色的活性染料。在一些专用助剂存在时，固色率可达90%左右。毛纤维专用活性染料染色时鲜艳度高，固色效果好，染料水解少，耐晒牢度和湿处理牢度等性能优异。但这类染料匀染性较差，而且价格较昂贵，主要用于高档毛纤维制品。

动物性纤维耐弱酸、不耐碱。而采用活性染料染色时，必须用碱剂使染料与纤维形成化学键结合而牢牢固着在纤维上。因此，一般情况下，蛋白质纤维织物染色救治时并不优先选用活性染料。对那些带有渍底、暗渍、挫伤等事故的蛋白质纤维织物，采用活性染料具有一定的遮盖作用，救治效果优于酸性染料。

活性染料用于部分化学合成纤维染色时，色泽鲜艳，染色牢度较高，但化学纤维中的反应性基团较少，难以染成深色，且匀染性较差，因此，一般多用于化学纤维浅色、中等色泽的染色。

值得指出的是，活性染料不仅与纤维中的活性基团发生反应，同时也能与水中的氢氧根离子发生水解作用。因此，使用活性染料进行染色救治时，染料应随用随溶解。如果染色前过早溶解活性染料，或者将活性染料溶解后久置不用，均极易造成染料水解，使大量染料失去染色作用。

二、活性染料复染救治的工艺操作

1. 调配染液

先根据衣物重量，计算出所需染料的重量（浅色衣物，染料用量一般为衣物重量的0.1%～1%，中等色为衣物重量的1%～3%，深色衣物一般为衣物重量的3%～5%），再用天平按所需颜色的配比，准确称出主色、次色染料的相应重量。

活性染料常用助剂有渗透剂和元明粉或大盐。渗透剂用量为0.1～0.2mL/L，元明粉或大盐的用量为：浅色衣物20g/L以下，中等色30～40g/L，深色50～60g/L。

值得指出的是，相比之下，由于元明粉杂质少，元明粉作为助剂染色后效果更好，故颜色浅淡、鲜艳的衣物，丝、毛织物复染时多采用元明粉，但价格较大盐高。

大盐作为染色助剂，其促染速度比元明粉快，且价格较低，故深色衣物复染救治时大多采用大盐作为促染助剂。但将大盐作为促染助剂时，应首先将其溶解，否则，由于活性染料浴比较小，在染色过程中，未溶解的、粗大的大盐颗粒容易对轻薄易损衣物造成硌伤。

配制染液时，首先将准确称重的主、次色染料置于量杯；接着加入几滴渗透剂（JFC）、温水，将染料调成浆状；再用40℃左右的温水稀释，让染料充分溶解，备用。

为确保称重准确，染料称重时，首先应确保天平托盘洁净、干燥，以避免天平托盘造成污染、湿润的托盘吸附染料。其次，应考虑工作环境中气流（包括人的呼吸）对天平称重可能造成的干扰。一种染料称重完毕，应重新校对天平，再称另外一种染料。此外，染料称重时，应先将砝码放在天平托盘中间，用牛角匙将染料也放在天平托盘中间，以免造成误差。

复染所用的染色器具内（不锈钢桶或染色机）加水至浴比［活性染料浴比较小，一般为1∶（10～15）］，加温至30℃，同时按比例加入渗透剂（JFC）和溶解备用的染料，搅拌，待染液均匀后，加入待染的衣物，搅拌、翻动衣物，水浴加温染色。

2. 上染

染液中加入衣物并搅拌、翻动后，加入一半元明粉或大盐促染。另一半元明粉或大盐，待超过1/3染色时间时再加入染液。若始染时大盐添加量过多，深色衣物容易泛白霜甚至产生盐斑。

至于染色时间，一般浅色衣物不超过20min，中等色衣物25～30min，深色衣物35～40min，有的深色衣物复染甚至长达60min以上。

注意：超过1/3染色时间时，加入另一半元明粉或大盐，继续保温续染。

浅色衣物复染救治时，由于不能批量生产，染料用量很少，次色的用量更少，例如米黄色、米灰色、米驼色等，大多由黄、橙、蓝多色拼配，有时还需加点红色。所以，染料用量的准确称重、计量变得十分困难。因此，浅色衣物甚至某些中等色衣物复染救治时，需凭经验现场配色。

浴液内加入渗透剂和部分溶解好的染料，经搅拌待染液均匀后，需先验水色。若染液的水色与色样相差明显，需再加入相应溶解好的染料；若染液的水色与色样相差不太明显，放入衣物，待衣物被染液浸透、润湿后，适当搅拌、翻动衣物，并根据经验适量添加元明粉。

衣物入染2～3min后，参照前文所述方法，取出衣物一部分进行"审样"操作。若染色与色样相差较大，还应从染液中取出衣物，继续加入溶解好的染料，调好颜色后再染，以确保复染救治后的衣物颜色符合顾客要求。

由于采用活性染料染色经固色处理后衣物的颜色还会变深，故"审样"时只要色调相同，深浅相差不大，不必刻意追求色样。

3. 固色

染色完成后，还应利用碱剂进行固色处理。碱剂用量为：浅色衣物3～10g/L，中等色衣物10～15g/L，深色衣物15～20g/L，特深衣物25g/L左右。

将衣物从染液内取出，染液升温至40℃并水浴保温，加入一半纯碱，搅拌染液使之溶解（注意：若碱剂用量较大，应先将碱剂溶解后加入染液），再加入衣物，并适当加快衣物搅拌、翻动的速度，2～3min后，再适当放慢衣物搅拌、翻动的速度。

经活性染料复染后的衣物加入含有碱剂的染液中，瞬间会产生色变，例如粉色会变成黄色，蓝色会变成灰绿色，但3～5min后，衣物返回原色，且颜色逐渐变深，这表明染料开始固着在纤维上。

复染救治的衣物实施固色处理时，应水浴加温并使染液保持恒温（稳定在40℃左右）。固色时间一般与染色时间大致相同，例如染色耗时20min，固色也应耗时20min左右。

固色过程中，当已过1/3固色时间，从染液中取出衣物，加入另一半碱剂。经搅拌待染液溶解后，再加入衣物继续进行固色处理。

丝纤维耐碱性能略高于毛纤维，因此，丝纤维可在弱碱性浴中采用活性染料染色和固色；活性染料用于毛纤维织物染色时，是一类合成的专用于毛纤维染色的活性染料。尽管如此，采用活性染料对蛋白质纤维进行复染救治时，必须选用碱性（pH值）较低的碱剂，并适量酌减至常规用量的60%～70%。

值得注意的是，采用活性染料进行固色处理时，不仅要保持固色溶液恒温，还应注意保持固色时间，以确保固色效果。

4. 后处理

固色时间到，从溶液中取出衣物，浅色衣物投水漂洗一次，脱水甩干一次，以去除浮色。中等色以上的衣物，一般投水漂洗两次，脱水甩干两次，以确保浮色去除较为彻底。

衣物表面的浮色去除后，还应分别采用80℃、70℃、60℃、50℃左右的热水，在桶内拎涮四次；或在洗衣机内投水漂洗四次（机内水温达到相应温度后即可排水，再重新更换清水、加温至相应温度），直到水中无浮色，脱水甩干。

不锈钢桶内拎涮后脱水甩干的衣物，还应再用洗衣机投水漂洗1～2个周期，再次脱水甩干。

深色衣物，如酱红色、紫色、墨绿色衣物等，从染液内取出后应先行脱水甩干，以将衣物上的浮色尽可能脱除干净，再投冷水两次，脱水甩干两次，然后再分别采用80℃、70℃、60℃、50℃左右的热水拎涮四次去除浮色，水中无浮色时，脱水甩干，再用洗衣机投水漂洗1～2个周期，再次脱水甩干，晾起。

复染救治衣物中的真丝制品，羊毛衫、羊绒衫等，固色处理后，还需进行柔软处理，以进一步提高衣物的复染救治效果。

采用活性染料复染救治后的衣物晾干后，若发现其颜色与色样相差较为明显，可采用微量、耐晒、艳丽的直接染料，调好色调及水色，在90～95℃条件下再次进行复染处理，以调整衣物的色调、色光，满足顾客的需求。

三、活性染料复染救治的工艺操作曲线

1. 染液升温曲线

低温（X）型、中温（KN）型、高温型活性染料操作曲线分别如图7-2～图7-4所示。

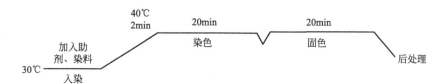

图7-2　低温（X）型活性染料操作曲线

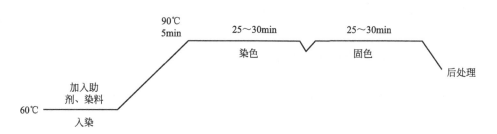

图7-3　中温（KN）型活性染料操作曲线

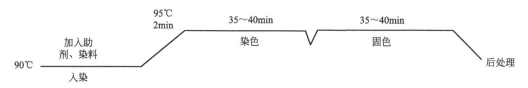

图7-4　高温型活性染料操作曲线

2．操作说明

低温（X）型活性染料操作说明：

① 加水至浴比［1 ∶（10 ～ 15）］，升温至30℃，水中加入渗透剂、溶解好的染料。搅拌均匀，查看水色。符合要求后，置入润湿的衣物，入染。

② 保温30℃，适当搅拌。1 ～ 2min后，染液中加入元明粉（总量的一半，另一半5 ～ 6min后加入），搅拌均匀后，进行"审样"，以随时调整色调。

③ 染液在2min内升温至40℃，注意搅拌速度并随时调整染液色调，保温续染20min左右。

④ 染色时间到，从染液中取出衣物，染液中加入碱剂（总量的一半，另一半5 ～ 6min后再加入），适当搅拌，待其溶解后，置入衣物，固色操作。

⑤ 固色时间一般与染色时间大致相同，只不过浅色衣物固色时间稍短、深色衣物固色时间稍长。

⑥ 采用活性染料进行固色处理时，不仅要保持固色时间，还应保持固色溶液恒温，以确保固色效果。

⑦ 固色时间到，从染液中取出衣物，进行后处理。

中温型与高温型活性染料的操作说明与低温型相同，只不过入染温度、染色温度、固色温度与时间略有差别而已。

四、活性染料复染救治的主要影响因素

影响活性染料染色效果的因素很多，分析起来，一般包括以下几个方面。

1．染料的选择与应用

拼配颜色时，最好选择同一类型的染料。例如，反应性较强的X型活性染料，尽可能不与反应性较弱的K型活性染料拼色，以免因不同染色温度的染料同浴染色造成色差而不易控制色光。迫不得已必须选择不同类型的活性染料拼色时，应将染料分别溶解后再混合，固色时先低温后升温至所需温度。此外，应尽量避免三种染料拼色。

2．染液的pH值

采用活性染料对纤维素纤维织物进行复染救治时，一般均需在染液中加入一

定量的纯碱，提高染液的pH值，以加快染色的速度，增强固色效果。

但染液的pH值不能过高，即染液中碱的浓度不宜过大，否则会使染料的水解速度加快，反而不利于染料的上染和固色。

不同类型的活性染料固色时，其所需采用的碱剂的类型（例如：碳酸氢钠、碳酸钠、硅酸钠、磷酸三钠、氢氧化钠）和添加量各不相同。采用活性染料染色后进行固色处理时，应选择适宜的pH值，以获得理想的固色效果。

不同类型碱剂，其水溶液的pH值存在较大差异。现将常用碱剂按其水溶液pH值由大到小的顺序排列如下（10g/L溶液，25℃）：

氢氧化钠	磷酸三钠	硅酸钠	纯碱	碳酸氢钠
（NaOH）	（Na_3PO_4）	（Na_2SiO_3）	（Na_2CO_3）	（$NaHCO_3$）
pH 12	11.4	10.4	10.3	8.4

X型活性染料容易水解，一般选用纯碱；K型活性染料反应较慢，可用烧碱或混合碱剂；KN型和M型活性染料的反应速度介于X型与K型之间，可选用磷酸钠或磷酸钠与烧碱的混合碱剂。

3. 电解质

活性染料虽然也依靠染料对纤维的亲和力上染，但活性染料对纤维的亲和力不及直接染料的三分之二，因此，采用活性染料染色时需加入电解质（元明粉、大盐等）促染。

但采用各类活性染料染色时，根据衣物颜色的深浅，电解质的选择与用量也存在一定差别，而且不能一次性加入。

4. 染液温度

采用活性染料进行衣物染色时，温度对活性染料固色效果的影响也十分明显。

不同类型的活性染料，其染色和固色温度是有一定区别的。例如，低温型活性染料比较活泼，可在室温下进行染色和固色；中温型活性染料，应在50～60℃下染色，80～90℃下固色；高温型活性染料，应在80～90℃下染色，90～95℃下固色。

温度升高时，活性染料的反应速度可成倍增加；但温度过高，也会使活性染料的水解速度加快，固色率反而降低。

因此，采用活性染料进行衣物复染救治时，必须根据活性染料的类型（低温型、中温型、高温型），选择适宜的染色温度。反应性强的活性染料（染料的活性基团较多），如 X 型活性染料，染色和固色温度可适当低一些，而反应性相对较弱的活性染料（染料的活性基团较少），如 K 型活性染料，染色和固色温度应适当提高，以尽可能使其反应完全，获得较为理想的固色效果。

5. 染色时间

活性染料的染色，通常分为上染和固色两个阶段。

适当延长上染的时间，可以使染料在织物纤维上充分扩散、渗透。这样，不仅有利于提高上染率，还可以增强匀染效果。

然而对于反应性不同的活性染料，其染色和固色所用的时间存在一定的差别。

反应性较强的活性染料，经过一段时间的染色处理后，染料已与织物纤维结合，成为纤维的一部分，不可能再发生移染，因而延长固色时间对匀染作用影响不大。然而对于反应性较弱的热固型活性染料，不仅要升高染色温度来提高其反应性及反应速度，还需要适当延长染色时间和固色时间。

6. 交叉污染

采用活性染料加碱固色后，其水洗湿牢度大大提高，一旦产生某种污染，去除难度较大。为此，衣物染色、投水漂洗、脱水甩干时使用的器具（如不锈钢桶、染色机、洗衣机、面盆等），应该随时保持干净、整洁，避免交叉污染造成返工。

第三节 硫化染料复染救治

一、硫化染料染色的主要特点

硫化染料主要用于棉及其他纤维素纤维的染色，其不溶于水，需采用硫化钠将其溶解并还原成可溶性钠盐才能实施染色。染料在染液中呈隐色体，隐色体对纤维素纤维具有亲和力，再经氧化使染料固着在纤维上。

隐色体钠盐虽对纤维素纤维有上染能力，但亲和力较低，需加入助剂促染。为此，染液中需加入食盐等电解质，促使染料上染。

上染到纤维上的隐色体，再经空气中的氧气或氧化剂的氧化作用，重复生成不溶性的染料固着在纤维上，达到染色目的。

复染的衣物经氧化显色后应进行水洗，以去除织物上的浮色，提高染色牢度，增强织物的色泽鲜艳度。

衣物复染救治时，应采用软水，或在染液中加入纯碱使水软化，并避免使用铜器。这是因为采用硫化染料染色时，染液中如有钙、镁等金属离子，会与硫化染料结合生成不溶性色淀，影响染色效果。

硫化染料的耐水洗和耐日晒牢度较好，但耐摩擦牢度不够理想。由于硫化染料色谱不全，主要以黄棕、草绿、红棕、蓝、黑为主，缺少艳丽的品种，因而色泽不够鲜艳。

硫化染料通常用于棉纤维、麻纤维、黏胶纤维、醋酸纤维、维纶纤维、氨纶纤维的染色，不能用于丝、毛纤维的染色。硫化染料主要用于复染中低档纺织品、纱布、帆布、灯芯条绒等较厚织物以及深色织物，如茶绿、咖啡、墨绿、黑色等。

二、硫化染料复染救治的工艺操作

1. 调配染液

由于硫化染料上染率较低，因而常用硫化染料的力份较高，例如，一般硫化染料的力份为100%，而硫化宝蓝为120%，硫化蓝BRN为150%，硫化黑BN既有力份100%的产品，也有力份为200%的产品，而硫化淡黄为250%等。

考虑到不同硫化染料力份的不同，染料调配时，应首先仔细进行换算。例如，某件衣物复染救治时需用力份为100%的硫化黑BRRN100g，因硫化黑BRRN既有力份为100%的产品，也有力份为200%的产品，若采用力份为200%的硫化黑BRRN，则只需称重50g即可。

根据衣物色调需求，将所需染料称重。浅色衣物取衣物重量的1%～2%，中等色取3%～6%，深色衣物按衣物重量的7%～10%甚至更高称出所需染料。

值得指出的是，常用的硫化染料，由于大多用于深色衣物的复染救治，故染料用量相对较大，例如复染某些厚重的黑色衣物时，染料用量可能高达15%～20%。

为此，复染救治黑色衣物时，常采用力份为200%的产品。这是由于力份为100%的硫化黑产品相比之下，密度较低，容积比大。当用量较大时，实际操作过程中染料粉末容易飞散。

而力份为200%的硫化黑染料呈颗粒状，系高浓缩产品，相比之下，密度高，容积比小，操作时染料粉末不易飞散。但其价格却并非是力份为100%产品的两倍。因此，棉、麻、黏胶纤维黑色织物复染救治时，大多采用力份为200%的硫化黑染料，而且黑色纯正，牢度也优于直接染料，不足之处是其湿态摩擦牢度较差。

采用硫化染料染色时，常用的助剂除硫化钠之外，还有渗透剂（JFC）、纯碱、元明粉或大盐等。

硫化钠可以将硫化染料溶解并还原成可溶性钠盐，隐色体对纤维素纤维具有亲和力，再经氧化使染料固着在纤维上。

硫化钠的用量一般与染料用量基本相等。然而由于硫化染料力份的不同，实际应用不同力份的硫化染料时需要换算，硫化碱的用量同样也需要换算，现举例说明如下。

某件待复染救治衣物所需颜色为土黄色，欲采用硫化染料进行复染救治，染料配方如下：

硫化淡黄GC	力份	250%	100g
硫化黄棕5G	力份	150%	1000g
硫化黑BRRN	力份	200%	90g

通常，假定硫化碱的有效物含量为100%。采用上述染料配方进行复染救治时，硫化淡黄GC的用量虽为100g，但因其力份为250%，故与其相适应的硫化碱的用量应为250g。同理，与硫化黄棕5G相适应的硫化碱用量为1500g；与硫化黑相适应的硫化碱的用量为180g。若此配方中硫化黑BRRN采用力份为100%的产品90g，则硫化碱的用量应为90g。

渗透剂（JFC），用量为0.05mL/L。

纯碱（碳酸钠），染色过程中起软水、炼漂、降低硫化钠对衣物产生的脆损、缓冲作用，同时使衣物染后色泽艳丽、纯正，不易起红筋、白霜。用量为1.5～2g/L。

元明粉或大盐，染色过程中起促染作用。浅色及中等色可不加或少加，但衣物上染较深颜色时必须添加。用量为15～20g/L。

染色器具内（不锈钢桶或染色机）添加少量水，将称好的染料和各种助剂同时加入水中，加温至其沸腾并持续3～5min，使染料及各种助剂彻底溶解。加水至浴比1：（30～40）左右，搅拌均匀后染液升温。

2. 上染

待浴液升至65～70℃，加入待复染救治衣物开始加温上染（如蓝色衣物），保温续染25～30min；淡黄、草绿、茶绿、红棕、咖啡等色衣物，温度升至85℃后，保温续染30～35min；黑色衣物，待温度升至95～100℃时，保温续染35～40min。

上染过程中，随时搅拌、翻动衣物，防止因衣物长时间露出染液液面被氧化而出现红斑。

隐色体钠盐对纤维素纤维虽有上染能力，但亲和力较低，复染救治深色衣物时，需在染液中分批加入食盐等电解质，促使染料上染。

3. 水洗及氧化处理

染色时间到，用木棍挑出衣物，在另一盆内控净染液。洗衣机内加水，然后将基本控净染液的衣物置入洗衣机内投水漂洗1～2min，去除浮色，脱水甩干后，再次投水漂洗、甩干。

另一浴桶内加入少量水、软水剂（0.1g/L）、平平加（0.1g/L），加水至稍低于浴比1：30左右，加温。

当温度升至某一数值时（除黑色织物外，其他颜色为60～70℃，黑色织物80℃），浴液中添加氧化剂：黑色添加醋酸（添加量为2mL/L），其他颜色添加双氧水（添加量为1.2mL/L）。搅拌均匀后加入上染后的衣物，保温除碱、氧化处理3～5min，然后取出衣物，投水漂洗、脱水甩干。

除黑色之外的其他颜色衣物，经双氧水溶液氧化处理后，投水漂洗两次，脱水甩干两次；黑色衣物经醋酸溶液煮炼后，投水漂洗两次，脱水甩干两次，然后洗衣机内再次加水，并适量添加少量洗衣粉，清洗处理2min，脱水甩干后，再投水漂洗一遍并脱水甩干，以去除衣物上的浮色及异味。

经上述处理后的衣物，若经柔软处理，则效果更加理想。

三、硫化染料复染救治的工艺操作曲线

1. 蓝色衣物染液升温操作曲线

蓝色衣物染液升温操作曲线如图7-5所示。

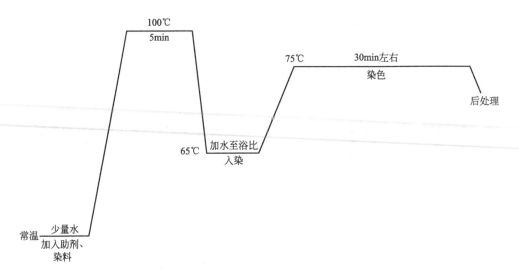

图7-5　蓝色衣物染液升温操作曲线

2. 染液升温操作说明

① 染色器具内加入少量水，添加称量好的硫化碱、染料、渗透剂、纯碱。染液升温至100℃，沸腾5min左右，使上述材料充分溶解。

② 加水至浴比（浅色1：40、中等色1：30、深色1：20左右），蓝色衣物升温至65℃左右，其余颜色（如咖啡、茶绿、黑色等）衣物，需升温至85～95℃，置入润湿的待复染衣物，入染。

③ 染液升温至75℃（蓝色衣物），保温续染30min，适当搅拌并随时确保衣

物处于染液中，不能露出液面。

其余较深颜色（如黄棕、红棕等）衣物，染液升温至95℃，保温续染30～35min，黑色衣物需升温至100℃，保温续染35～40min。

④ 除蓝色衣物外，其他颜色衣物需在衣物入染5min后，加入元明粉或大盐，用量为15～20g/L。

⑤ 染色时间到，取出衣物，投水漂洗后进行氧化处理。

3. 蓝色等衣物氧化处理操作曲线

蓝色、黄棕、红棕等衣物氧化处理操作曲线见图7-6。

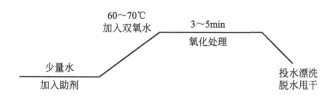

图7-6　蓝色、黄棕、红棕等衣物氧化处理操作曲线

4. 氧化处理操作说明

① 另一洁净容器内添加少量水、软水剂（0.1g/L）、平平加（0.1g/L），适当搅拌后加水至浴比（一般为1 : 20左右），溶液升温。

② 黑色衣物在溶液升至80℃左右时加入醋酸（2mL/L），其他颜色衣物在溶液为60～70℃时加入双氧水（1.2mL/L），搅拌均匀后，置入经两次投水漂洗并经脱水甩干的衣物，保温除碱、氧化处理3～5min。

③ 后处理：什色衣物氧化处理后，还需投水漂洗两次，脱水甩干两次，之后进行柔软处理；黑色衣物氧化处理后，除需进行两次投水漂洗、两次脱水甩干外，还需利用洗衣机，洗浴中添加少量洗衣粉进行清洗处理2～3min左右，然后再次进行投水漂洗、脱水甩干以及柔软处理。

5. 黄棕、红棕、黑色衣物染液升温操作曲线及黑色衣物氧化处理操作曲线

黄棕、红棕、黑色衣物染液升温操作曲线如图7-7所示，黑色衣物氧化处理操作曲线如图7-8所示。

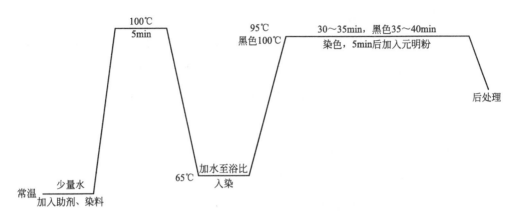

图7-7 黄棕、红棕、黑色衣物染液升温操作曲线

图7-8 黑色衣物氧化处理操作曲线

四、硫化染料复染救治时的注意事项

① 采用硫化染料进行衣物复染救治时，必须认真鉴别衣物质料。若织物纤维中含有丝、毛纤维，则绝不能采用硫化染料进行复染救治，否则丝、毛纤维易被强碱腐蚀、溶解，衣物出现破损。

② 采用硫化染料实施复染救治前，应注意做好待复染救治衣物的剥色处理，以确保染后衣物色泽均匀，色彩鲜艳，光泽好。

③ 硫化钠商品有50%和60%两种含量，实际使用时应根据染料、染色浓度、浴比、染色操作等诸多因素综合考虑，适当调整用量。

④ 采用硫化染料实施复染救治时，露出染液液面的部位容易氧化生成红斑。因此，多件衣物同浴复染救治时，若取出一件衣物进行其他处理，应及时将其余衣物按入染液液面，避免某件衣物的某个部位长时间露出染液液面。从染液内取出衣物时，应先取轻薄、无衬里衣物，后取厚重、带衬里衣物，以免轻、薄衣物

露出染液液面生成红斑。

⑤ 为确保复染效果，应避免复染后的衣物带碱氧化或氧化时间不足。必要时可对深蓝、藏青、黑色等深色衣物加温热洗 1 ～ 2 遍，以尽可能降低衣物料面的 pH 值（氧化处理前，衣物料面 pH 值为 8.5 ～ 9.5 较为适宜）。此外，要保证充足的氧化时间，防止造成色差。

⑥ 为避免衣物出现明显褶皱不易烫平和花斑，从染液内取出衣物时，可用木棍挑着衣物的衣领、帽子等处，再用戴手套的双手抓住衣物双肩，在染液中反复拎涮几次，以使衣料更加平顺。

冷水换热水或热水换冷水时，应将衣物置入有水的、转动着的洗衣机滚筒内进行处理，避免衣物料面局部骤然降温出现褶皱。

⑦ 出现明显褶皱、变形的衣物，需用添加醋酸和平平加的沸水浴液煮练 1 ～ 2min，并用戴手套的双手适当整理衣物，抻平各部位，以便消除衣物的褶皱、变形。

⑧ 衣物的醋酸纤维衬里最好拆下，否则，不仅衣物衬里缩水明显，纤维牢度也会受到一些影响。

⑨ 黏胶纤维耐碱性能较差，复染救治时应适当缩短处理时间，以免纤维受损。

⑩ 黑色衣物若染后泛红，可用保险粉加烧碱或硫化碱，在 70 ～ 80℃下煮练 10min 左右，衣物颜色成咖啡色，再经氧化处理变成纯正黑色，投水漂洗，脱水甩干即可。也可在下次复染救治黑色衣物时，用黑色染液的残液，添加少量硫化碱，再次进行复染修复，即可获得理想的复染效果。

第四节 酸性染料复染救治

一、酸性染料染色的主要特点

酸性染料易溶于水，在酸性或中性介质中用于蛋白质纤维、尼龙纤维等纤维的染色，根据其染色性能不同又可分为强酸、弱酸、中性等不同的染料。

酸性染料色泽鲜艳，操作方便，但价格较高，织物染色后湿处理牢度较差，因此，上染中等色、深色织物时一般需进行固色处理。

值得注意的是，使用酸性染料染色再经固色处理后的织物，其色光会稍显晦暗。

强酸性染料主要用于毛纤维织物的染色，其结构简单，水溶性好，染液中的染料基本以离子状态存在，匀染性好。

染液的酸性越强，浴液中的氢离子数量越多，毛纤维形成氨基离子的可能性越大，对染料的吸引力也就越大，所以，酸在染色过程中能促使染料上染毛纤维。采用强酸性染料染色时，需要在pH2～4的较强酸性条件下进行。

采用弱酸性染料染色时，若增加染浴中酸的用量，则纤维中氨基离子数量增加，纤维所带负电荷减少，上染速度提高。但pH值过低，染料上染速度太快，易造成染色不匀。其最佳的pH值应为4～6。

采用中性浴染色的酸性染料与直接染料相似，染料分子量大，对纤维的亲和力高，需要在近中性的染液中染色（pH6～7）。由于具有两性性质的纤维带有较多的负电荷，酸性染料阴离子必须克服较大的静电斥力才能上染纤维，所以需在染浴中加入中性电解质，以降低纤维与染料分子之间的作用力，起促染作用。

在染液中加入中性电解质（元明粉），使纤维上染时受到的静电斥力下降，提高染料的吸附效率。此外，中性电解质可以使染料阴离子和蛋白质纤维的氨基离子结合速度降低，提高染料分子的扩散性和移染性能，起缓染作用，提高匀染效果。

在采用酸性染料染色过程中，中性电解质所起的作用与染液的pH值有很密切的关系。若pH值低于纤维的等电点，则中性盐起缓染作用；若染液的pH值高于纤维的等电点，则中性盐起促染作用。

采用酸性染料染色时，染液中还需添加一定量的平平加和软水剂，以增强染料的渗透、匀染以及色彩鲜艳度等，提高染色效果。

酸性染料常用于精纺凡立丁、派力司、华达呢、粗纺毛呢、毛线等物品的染色，对毛纤维、丝纤维、锦纶纤维、维纶纤维、氨纶纤维、裘皮服装等事故衣物进行复染救治。

二、酸性染料复染救治的工艺操作

1. 调配染液

为便于观察染料的溶解状况，先按照所需份数（百分比）的不同，将染料分别置于透明的玻璃杯内，加入温水溶解。某些溶解性较差的染料，如酸性湖蓝A等，遇热水后发黏易粘壁，宜先用少量温水、几滴醋酸将其搅成糊状，再用热水化开，配以玻璃棒适当搅拌促使其溶解，备用。

至于染料的用量，浅色衣物一般为衣物重量的0.1%～1%，中等色为衣物重量的1%～3%，深色衣物一般为衣物重量的3%～5%。

在衣物复染救治所用的容器内（一般采用不锈钢桶，也可采用染色机）加入少量清水后，再加入所需助剂：平平加（0.1～0.2g/L）、软水剂（0.05～0.1g/L）、元明粉（0.5～1g/L），然后加温至助剂溶解，最后桶内兑清水至所需浴比。

浴比，即织物重量与染液体积之比。由于酸性染料上色率高，因而通常与浴比关系不大。然而为了避免衣物复染救治时出现褶皱，采用酸性染料时常选择大浴比。根据衣物色泽深浅，酸性染料的浴比一般在1∶（30～50）之间，深色衣物浴比较小，浅色衣物浴比可适当加大。

染液的水量确定之后，加入溶解好的主色和次色，搅拌均匀后检查"水色"，即检查染液的颜色是否符合衣物复染救治的需要。若相差较为明显，则还需加入相应溶解好的染料，直到染液的"水色"基本符合要求。

2. 入染

将染液加温，待其升至40～45℃时，放入待染衣物。待衣物被染液润湿后，一边适当搅拌，一边缓慢升温至95℃，其间大约需要20～30min。

值得指出的是，采用染色机进行衣物复染救治时，应将衣物里、面翻过来，之后再置入染液入染，以免衣物在复染救治过程中由于摩擦出现划痕。

3. 审样

前文已述，为确保衣物色泽纯正，符合色样要求，当衣物在染液中经过一段时间的染色处理后，应及时检查复染中的衣物颜色，以便及时对染液颜色进行调整、拼配。

对复染救治的衣物实施审样时，利用木棍将衣物质料较薄部位（如下摆等处，切记不能用袖口、领口等衣物较厚部位）从染液内捞出，冷水冲净表面浮色，用毛巾包裹好适当拧干，后与色样进行对比。

若衣物颜色与色样相差较大，则应先将衣物从染液内取出，适当控净染液，及时在染液中添加相应溶解好的染料后，继续对衣物进行保温染色处理。

若衣物颜色与色样相差不太明显，则可利用洁净毛巾，将审样处裹好，挤干染液后，利用电吹风将该处吹干，再与色样进行对比。

衣物质料不同，其在干、湿不同状态下的颜色深浅是不完全相同的。某些纤维织物，如黏胶纤维、毛纤维织物，其在湿态下颜色稍浅，干态下颜色略深；而丝纤维、棉纤维织物则刚好相反，其在湿态下的颜色略深，干态下的颜色稍浅。

因此，对复染救治的衣物实施审样时，要尽可能对衣物的待审样处进行干燥处理，以确保衣物色泽符合色样要求。

审样时，一般应选择自然光线较为充足的场地，但要避开阳光的直射。此外，进行颜色对比检查时，不能两眼死死盯着色样或衣物，避免因眼睛疲劳引起色差，以确保所染色调和要求尽可能一致。

经审样检查合格、符合要求的复染衣物，需重新置入染液，根据染液温度状况，或加温续染，或保温续染10 ～ 15min，以确保衣物边角、裤腰、缝线等较厚部位染透，使色泽饱满、均匀，避免局部出现色花。

采用强酸性染料实施衣物的复染救治时，在审样合格后的续染期间，视衣物色调稳定状况，还应在染液中按照1 ～ 3mL/L的比例适量添加醋酸或硫酸，以增强染色效果。

4. 后处理

衣物复染完毕，用木棍将衣物从染液中挑出，适当控净染液，同时让衣物适当降温，或采用向染色机内添加冷水的方法，使衣物降温；然后用戴手套的双手抓住衣物双肩，在另一较大洁净盆内适当摆动衣物，一边适当控干染液，一边让衣物进一步自然降温，以避免复染后的衣物出现明显褶皱、变形。

应该指出的是，为避免从染液内取出衣物时，或损坏衣物，或引起衣物变形，一般情况下，应用木棍挑着衣领；针织衣物应拦腰挑起；厚重衣物，应该用戴着手套的双手抓住衣物的双肩，以尽可能控净厚重衣物及裤腰、垫肩等部位的染液。

当复染后衣物的温度下降之后，将其置入大盆或洗衣机，浅色衣物投水漂洗1～2次，深色衣物2～3次，以去除浮色，脱水甩干后阴凉、通风处晾干。

三、酸性染料复染救治的工艺操作曲线

1. 复染救治操作曲线

酸性染料染液升温操作曲线如图7-9所示。

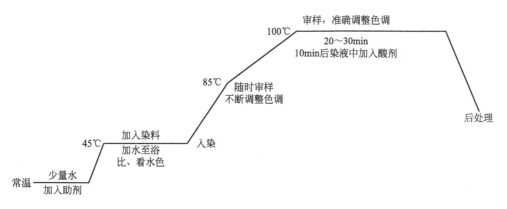

图7-9　酸性染料染液升温操作曲线

2. 操作说明

① 染色器具内加少量水和染色助剂（软水剂、平平加、元明粉），适当搅拌后，将溶液升温至45℃，再加入溶解好的染料。

② 加水至浴比［1∶（30～50）］，搅拌均匀后，查看水色。

③ 染液升温至45℃，置入润湿后的待复染救治衣物，入染，并适当搅拌。

④ 染液缓慢升温至85℃左右，衣物开始显色，进行"审样"操作，调整色调。

⑤ 染液升温至100℃，10min内仍需不断与色标进行对比，以准确调整色调，

保温续染20 ～ 30min。

⑥ 采用强酸性染料实施衣物的复染救治时，在审样合格后的续染期间，视衣物色调稳定状况，还应在染液中按照1 ～ 3mL/L的比例适量添加醋酸或硫酸（浅色衣物不加或微量添加醋酸，中等色衣物少加醋酸，深色衣物适量添加醋酸或硫酸），以增强染色效果。

⑦ 保温续染期间，确保衣物的边角、接缝、双层乃至多层部位（某些衣物的鸡心领等）染透、染匀。

⑧ 染色时间到，缓慢降温，避免衣物产生产生褶皱、变形。

⑨ 投水漂洗，进行染后处理。

四、酸性染料复染救治时的注意事项

① 酸性染料复染救治用水的水质硬度一般要求在100mg/L左右，水质硬度超过150mg/L以及含有铁离子时通常不宜采用，以防止染料沉淀，影响色泽鲜艳度。

② 调配染料时，大多数染料先用温水打浆，然后用热水或沸水冲化稀释，搅拌均匀。

③ 根据衣物色泽深浅，适当选择酸性染料的浴比，一般深色衣物的浴比相对较小，以便得色较深，浅色衣物的浴比则可适当加大。

④ 采用酸性染料复染深色衣物时，染液pH值要比复染浅色衣物时低一些，此时的元明粉起缓染作用；染浅色时可适量多加，染深色时应少加或不加；然而当染液的pH值在5以上时，为使染料上色均匀，复染浅色衣物时元明粉应少加，复染深色衣物时需多加。

⑤ 强酸性染料起染温度一般在40℃左右，因温度升高，上染速度加快，个别染料需在30℃左右起染；弱酸性染料的起染温度一般以50 ～ 60℃较为合适，起染温度低于50℃，染料会产生聚集，导致匀染效果差。

⑥ 毛料衣物，尤其羊毛衫、羊绒衫之类的衣物染色时，木棍搅拌或染色机转速不宜过快，以免引起毛料织物毡化或起毛、掉毛。

⑦ 染液温度不能上升过快，否则会影响吸附到织物纤维表面的染料向纤维

内部的扩散和渗透，容易造成色花。

⑧ 衣物复染过程中，若审样时发现色光不符合要求，或者采用将染液加温、降温的方法校正色光，或者先将染液适当降温，补加相应染料后再重新升温续染以校正色光。

⑨ 确保高温染色和审样后的保温续染的时间，以保障衣物染色后的色泽丰满度和色彩鲜艳度；但高温染色的时间不能过分延长，以免损伤织物纤维，影响织物的手感和光泽。

⑩ 为颜色浅淡、鲜艳的衣物实施复染救治时，应首先用纯碱和保险粉清洗染桶或染色机，清洗过后用清水反复冲洗，若有必要，还需采用醋酸进行中和处理，以免影响衣物的色光和鲜艳度。

⑪ 采用酸性黑 ATT 染料进行衣物染色救治时，一定要待染色助剂完全溶解后才能加入衣物，否则会在衣物上出现浅色斑渍。

此外，待助剂、染料溶解，加水至所需浴比后，应按 2mL/L 的比例加入硫酸，适当搅拌，染液温度升至 50 ~ 60℃加入衣物，15min 左右染液温度升至 95℃保温续染 25 ~ 30min，待染液呈茶色时，再保温染色 20min 左右，自然降温或加水降温，即可进行投水、后处理。

第五节　还原染料复染救治

一、还原染料染色的主要特点

除可溶性还原染料外，还原染料一般不溶于水，必须用碱液和保险粉溶液调浆，在碱性条件下，用还原剂还原成为溶于水的隐色体钠盐后才能上染。

还原染料还原成隐色体之后，逐渐从染液转移到织物纤维上。还原染料隐色体的结构不同，其上染速度、扩散速度、匀染性能等存在极大差异。因此，采用不同类型还原染料染色时，染液中需适量添加各种类型的助剂，例如，能降低染料隐色体溶解度的电解质食盐、元明粉，能使染色更加匀透、起匀染作用的平平加等。

还原染料隐色体被纤维吸附的同时，会逐渐扩散到纤维内部，再经氧化转化为不溶性还原染料，恢复原来的颜色并固着在纤维上。

经还原染料复染的衣物，必须进行水洗处理。这样既可去除浮色，提高染色织物的耐洗牢度和耐摩擦牢度，又能改变染料颗粒在纤维内部的聚集、结晶状态等，使织物色泽更加鲜艳。

还原染料，色谱齐全，色泽鲜艳度、各项牢度在常用染料中最为理想，也是纤维素纤维染色的重要染料，常用于棉纤维、麻纤维、黏胶纤维、维纶纤维、氨纶纤维、醋酸纤维、浅色涤纶纤维的染色和印花。但还原染料染色工艺操作复杂，也比较昂贵，适用于批量上染高档纺织品，如府绸、丝光卡其、华达呢、绣花线等制品。

正是由于还原染料染色工艺操作复杂，受多种因素的限制，常见带有色泽事故的衣物复染救治时很少采用还原染料。然而为便于业内朋友熟悉、了解还原染料的使用性能、操作方法，现将还原染料的复染救治工艺操作简介如下。

二、还原染料复染救治的工艺操作

1. 调配染液

按衣物重量以及颜色深浅，将所需染料的主色、次色分别称重，置于调配染料的小容器中。一般情况下，浅色衣物染料用量取衣物重量的0.1%～1%，中等色取1%～2%，深色衣物染料用量取2%～3%。

采用还原染料调配染液时，由于不可能看到染料的真实本色，只有氧化处理后才能观察、检测衣物染后颜色与色样的差别。因此，采用还原染料拼配颜色时，必须精确计量染料、助剂、水以及续加助剂的用量等，尽可能避免出现色差。

采用还原染料染色时，常用的助剂有烧碱、保险粉、平平加以及醋酸等，根据所用染料及染色操作方法的不同，各类助剂的用量有一定差别。

碱液（36ºBé氢氧化钠），常用量为6～12mL/L不等；

保险粉，根据衣物色泽深浅、浓淡而有所区别，浅色为1.5～2.5g/L，中等色为3～4g/L，深色为4～6g/L，分批加入；

纯碱，1～1.5g/L，染桶内加水后加入；

平平加，8～10g/L，后处理时加入；

醋酸，3～4mL/L，后处理时加入。

调配染料时，先用定量的水将适量烧碱（总用量的1/4）和保险粉（总用量的1/5）溶解，再用烧碱溶液和保险粉溶液将染料调成浆状，干缸还原10min左右备用。

染桶内加水至浴比［一般取1∶（25～30）］后升温，染料浆液用60℃以上定量热水稀释后加入染桶，搅拌均匀后，续加余下的烧碱（用定量的水溶解）溶液和余下保险粉的大部分（留下部分保险粉，在衣物染色过程中以及其后取出染液时使用），配成染液。

2. 上染

染液达60～65℃，加入衣物并按入染液中，适当搅拌，并始终使衣物浸没在染液中，不能露出液面，保温续染25～30min。其间随时添加保险粉，使染液始终维持还原（染料呈隐色体）状态，例如：宝石蓝染液呈黄色，还原蓝RSN染液呈稍带绿色的明黄色。

3. 清洗后氧化处理

从染液内取出前，衣物必须按入染液液面，染液内先加入余下的保险粉，以确保浴液内染料呈隐色体状态。取出衣物时，迅速"打把"（将衣物拧绞至呈麻花状）挤干染液，置入水中，投水漂洗1～2次，脱水甩干。

在投水漂洗以及脱水甩干的过程中，衣物虽然接触空气产生色变，但由于与空气中的氧气接触时间短，氧化反应进行得并不彻底，还需利用晾干过程中与空气的长时间接触，将衣物上的还原染料氧化成所需的颜色。

4. 后处理

衣物干燥后，洗衣机内加水至浴比（1∶30以上），并加温至75℃左右，按比例（3mL/L）加入醋酸、平平加（10g/L），搅拌均匀，待其溶解后置入衣物，在85℃以上煮练10min左右以"发色"。

"发色"时间到，取出衣物，投水漂洗两次，脱水甩干后晾起。

若衣物取出后经皂液煮练，再经投水漂洗，颜色则更加鲜艳。

三、还原染料复染救治的工艺操作曲线

1. 复染救治操作曲线

还原染料染液升温操作曲线如图7-10所示。

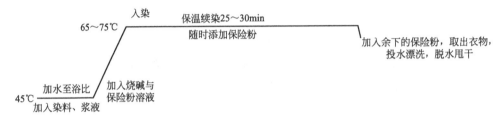

图7-10　还原染料染液升温操作曲线

2. 复染救治操作说明

① 采用还原染料调配染液时，不可能看到染料的真实本色，只有氧化处理后才能观察、检测衣物染后颜色与色样的差别。因此，采用还原染料拼配颜色时，必须精确计量染料、助剂、水以及续加助剂的用量等，尽可能避免出现色差。

② 还原染料必须用碱液和保险粉溶液调浆，在碱性条件下，用还原剂还原为溶于水的隐色体钠盐后才能上染。

③ 采用还原染料进行衣物复染救治期间，要随时添加保险粉，使染液始终维持还原（染料呈隐色体）状态；从染液内取出前，衣物必须按入染液液面，染液内先加入余下的保险粉，以确保浴液内染料呈隐色体状态，避免出现色差。

④ 经还原染料复染后的衣物，必须进行水洗处理。这样既可去除浮色，提高染色织物的耐洗牢度和耐摩擦牢度，又能改变染料颗粒在纤维内部的聚集、结晶状态等，使织物色泽更加鲜艳。

3. 后处理操作曲线

还原染料复染救治氧化发色操作曲线如图7-11所示。

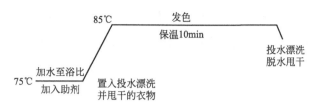

图7-11　还原染料复染救治氧化发色操作曲线

4. 后处理操作说明

采用还原染料复染救治的衣物干燥后进行后处理，洗衣机内加水至浴比（1：30以上）并加温至75℃左右，加入助剂，搅拌均匀，待其溶解后置入衣物，在85℃以上煮练10min左右以"发色"。

"发色"时间到，取出衣物，还需投水漂洗两次，脱水甩干后晾起。

若有条件，衣物取出后最好经皂液煮练，再经投水漂洗，颜色更加鲜艳。

四、还原染料复染救治的主要影响因素

1. 染料粒度

还原染料粒度是使待复染救治衣物获得均匀染色效果的重要因素。用于悬浮溶液浸染的还原染料，一般要求80%的染料颗粒直径在2μm以下，且无10μm以上的大颗粒，以便于制成高度分散的染料悬浮溶液，且不易析出沉淀。这将有助于染料微粒均匀地渗入纤维内部，既易被还原，又能均匀地与织物纤维固着。

一般市场上销售的还原染料，既有特细粉、分散性粉，也有普通粉和一般细粉，规格不一。特细粉和分散性粉的粒度均在1μm左右，而相比之下普通粉和一般细粉的染料粒子较粗，实际选用时，应根据染色方法的需要进行筛选。

2. 拼色用染料的选择

拼色时选择的染料，一方面要满足待复染救治衣物色泽方面的要求，另一方面，也要考虑复染救治工艺条件。因此，选择染料时，还需关注以下问题。

（1）染色牢度　两种染料相拼时，染色牢度互有影响。例如，黄色染料的拼入，会使得某些蒽醌结构的还原蓝、还原紫染料的耐日晒牢度下降。又如，复染窗帘布时，应选择耐日晒牢度好而对耐水洗牢度要求并不高的染料；复染救治各类服装时，则适宜选用耐洗、耐日晒牢度均相对较好的士林级还原染料。

（2）上染速度　采用还原染料复染时，拼用染料的上染速度不能相差过大，否则很难得到均匀、一致的染色效果。此外，染料的氧化难易程度、水洗发色等相关操作要求应相一致，防止产生色差。

（3）相容性　各类染料的染色温度虽有所不同，但进行染色处理时，非主色染料一般需参照主色染料的染色方法，故拼色时，选用同类染料比较有利。

3. 染料浆液的拼配及其浓度

采用还原染料配色时，应尽量选用染色性能相近、染色方法相同或几种方法均可实施染色的染料，以使染色条件符合所配染料的要求。

在小容器内进行染料颜色的调配时，其浴比必须适当，一般应控制在 $1 : (50 \sim 100)$。若小容器还原浴中的隐色体浓度过高，染料分子因碰撞而凝聚的可能性增大，则会发生染料隐色体的结晶和沉淀，从而影响染色质量。

4. 染色用水

硬水中的钙、镁离子，能与还原染料的隐色体生成不溶物，从而影响待复染救治衣物的染色深度、色彩鲜艳度及染色牢度。因此，应利用纯碱等软水剂将染色用水软化。

5. 烧碱用量

采用还原染料染色时，烧碱用量得当，才能使染料隐色体保持稳定。若烧碱用量过多，则会降低染料的给色量；用量过少，则染料溶解不完全，易从染液中析出。一般染液pH值应维持在13左右。

6. 保险粉用量

染液中的保险粉易被氧化，因而在还原染料染色过程中，必须适时、适量补充保险粉。但保险粉用量也不宜过多，否则容易形成过度还原，使复染救治后衣物的色泽晦暗。

7. 浴比

毋庸置疑，若染料的用量相同，浴比大则得色可能稍浅，但匀染效果好；浴比小则得色可能稍深，但相比之下，其匀染效果可能不及前者。事故衣物染色救治时，应根据所用器具状况，选择适宜的浴比。

8. 染色温度

染色温度与染料的溶解度、给色量、扩散率以及保险粉的用量密切相关。为了提高染料的匀染性和渗透性，不同的还原染料，应选择其适宜的染色温度。

例如，还原蓝RSN、还原蓝BCS，染色温度过高易发生过度还原；还原橄榄绿B，染色温度过高时，不仅染料容易水解，而且给色量和染色牢度下降，色光发生变化。

温度对不同染色方法的影响均十分明显。乙法，染色温度为45～50℃，染色温度降低，减缓了染料的上染速度，可以获得较为理想的匀染效果；丙法，染色温度为20～25℃，始染温度提高，增加了染料的扩散率，从而增强了匀染效果。

9. 染色时间

还原染料的染色时间，对染料的渗透、匀染、扩散、吸附甚至染后织物的耐摩擦牢度等均有较大影响。

采用还原染料进行染色救治，一般染色20min后，大部分染料已被纤维吸附，但不能全部渗入纤维内部。还原染料在纤维上的扩散性能较差，一旦被纤维吸附，其很难在纤维表面进行迁移，因而会染色不均匀。因此，适当延长染色时间，有助于改善还原染料的匀染性。

尤其值得指出的是，不同还原染料对各种还原条件（烧碱、保险粉浓度，温度，时间）的反应是不同的。例如，还原蓝RSN一般还原浴的温度为60℃，若还原浴温度超过70℃，时间较长，就可能发生过度还原。轻度过度还原会使其染后色光发红，较严重的过度还原使其隐色体呈棕色，亲和力降低，甚至导致对纤维素纤维无亲和力。

第六节　阳离子染料复染救治

一、阳离子染料染色的主要特点

阳离子染料，一类在水中能离解生成色素阳离子的染料，在染液中对含有阴离子染座的腈纶纤维等合成纤维进行染色，耐光牢度好，色泽鲜艳。根据染色性能，又将阳离子染料分为多种类型。

阳离子染料易溶于水，更易溶于乙醇或醋酸溶液。染液的温度较高或加入某些助剂（如尿素、醋酸）时，染料的溶解度增大。

商品阳离子染料多数是粉末状。染料的溶解度差别较大，使用时务求溶解完全。染料的溶解度越好，越有助于染色均匀和色泽鲜艳度的提高。

腈纶纤维的酸性基团在溶液中带有负电荷，阳离子染料在溶液中带有正电荷。带有正电荷的染料离子很容易吸附在带有负电荷的纤维表面。

阳离子染料的强度都比较高，有200%、250%、400%、500%各种类型的产品。由于力份强，用量少，故实际应用时要求计量准确。

阳离子染料在纤维上的吸附量，大体上根据纤维中负电荷以及染料正电荷的当量关系而定。纤维中的酸性基团越多，染料离子的当量越大，则染料的上染率越大。此外，阳离子染料向织物纤维内部的渗透对织物纤维的染色效果具有极其重要的意义。

适合采用阳离子染料进行染色的不同牌号的腈纶纤维，其吸纳染料的能力不尽相同。纤维上的酸性基团越多，对阳离子染料的吸附量越大，织物越容易染深。反之，织物纤维上的酸性基团少，则对阳离子染料的吸附量小，适宜染浅色。

适宜采用阳离子染料染色的不同牌号的腈纶纤维，由于共聚组分的不同，制造方法的不同，干燥和热定形工艺条件的变化，其微观结构产生某种差异。因此，在同一染色条件下，会出现上染速度的差别。

此外，纤维的粗细也会影响染料的上染速度。纤维越细，纤维的表面积越大，上染速度越快。

国际上常用配伍指数（K）来反映阳离子染料亲和力的高低和移染性能的好坏，并用数值1～5表示染料的配伍性，并将其作为选择合适染料相互拼配的依据。

一般认为，K值小的阳离子染料适合上染深色，而K值大的阳离子染料则适合上染浅色，K值在3左右的阳离子染料适应性较广。

阳离子染料颜色拼配时，通常用红、黄、蓝三原色，将K值相近的品种配成一组，使拼色后的染料上染速度一致，染液中染料之间的比例关系始终如一，这将有利于衣物复染救治时控制色光的稳定性。

阳离子染料常用于腈纶、腈纶膨体纱、毛/腈混纺织物以及腈纶毯、腈纶地毯、腈纶地板砖等物品的染色。

不同类型的阳离子染料，其所适宜上染的颜色深浅不同，染料的亲和力和迁移性也有差异。因此，采用不同类型的阳离子染料进行衣物的复染救治时，不仅要在拼色时考虑各个阳离子染料相互之间的配伍性，还必须控制好染色工艺条件，以免影响染色效果。

1. 水质

硬水中的钙、镁离子，也能与腈纶纤维中的阴离子酸性基团结合，而吸附于纤维上，并与阳离子染料争夺染色席位，从而影响染料的上染率和色彩鲜艳度。因此，采用阳离子染料进行衣物的复染救治时，应该使用软水，以避免水质硬度较高造成色花。尤其复染颜色浅淡、鲜艳的衣物时，硬水极易造成黄斑和色斑。

2. 染料的溶解

阳离子染料一般用醋酸（60%）调成浆状，然后加入40～50倍的沸水使其溶解。有些阳离子染料的溶解度比较小，必须先把染料置于干的器皿中，然后加入与染料同量的醋酸，充分搅拌，使染料尽可能分散开来，最后加入10倍于染料的沸水至染料完全溶解。

3. 染液的pH值

阳离子染料一般不耐碱，染液中加入醋酸、醋酸钠，作为缓染剂，可调节和稳定染液的pH值。通常，阳离子染料染液的pH值为4～4.5。

4. 染色助剂

阳离子染料在纤维上的固着较快，并且是不可逆的，这就使得阳离子染料的移染性能变差，容易出现色花。因此，采用阳离子染料进行衣物的复染救治时，必须加入助剂（如元明粉、缓染剂等），以减缓染料的吸附速度或加速染料的扩散速度。

元明粉是最常用的无机缓染剂。在含有元明粉的染液中，钠离子带有正电荷，其与腈纶纤维上的酸性基团结合，降低了腈纶纤维的表面电位，因而起缓染作用。

对K值在$1 \sim 1.5$的阳离子染料来说，元明粉的缓染作用不太明显；选用K值大于3的阳离子染料染色时，元明粉的缓染作用十分突出，尤其复染浅色衣物时，元明粉的用量高达衣物重量的$5\% \sim 10\%$。

复染深色衣物或在染液中添加阳离子缓染剂时，可以不加或少加元明粉。

采用阳离子染料进行衣物复染救治时，染液中还需加入一定量的缓冲剂醋酸钠，以避免染液pH值变化过大。

5. 染液温度

吸附在纤维表面的阳离子染料，牢度较差，只有在高温条件下（一般在98℃以上），纤维大分子运动加剧，纤维的组织结构变得疏松，染料上染速度增加时，染料分子才会逐渐扩散到纤维组织内部，并与纤维发生染色固着，才会获得较理想的染色效果和较高的染色牢度。

腈纶纤维的型号不同，其最适宜的上染温度是不完全相同的。当温度低于75℃时，染料很少染着色彩，只是少量被纤维吸附；当温度升至$80 \sim 85$℃时，上染率急剧增加，接近染液沸腾时上染率还会继续增加，100℃时可起到固色作用。

一般情况下，浅色衣物的复染温度为$75 \sim 85$℃，中等色衣物的复染温度为$84 \sim 92$℃，深色衣物的复染温度为$92 \sim 100$℃。

6. 染色时间

采用阳离子染料染色时，所需要的时间按纤维型号以及染色设备而定。一般情况下，纱线或织物为$30 \sim 40$min。待染液中染料接近吸尽时，再在$0 \sim 15$min内将染液升温至100℃左右固色。固色时间一般为$10 \sim 15$min。

二、阳离子染料复染救治的工艺操作

（一）腈纶纤维织物复染救治

1. 染色处方

阳离子染料	X%
醋酸（98%）	2%～3%
醋酸钠	1%
元明粉	5%～10%

浴比：1 ： 50

pH值：4 ～ 4.5

2. 复染救治操作曲线

腈纶纤维织物复染救治工艺操作曲线如图7-12所示。

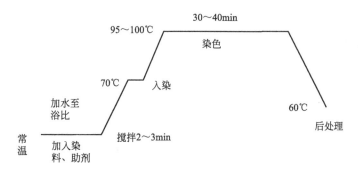

图7-12　腈纶纤维织物复染救治工艺操作曲线

3. 操作过程

用醋酸将染料调成浆状，（醋酸与染料同重，如染料50g，醋酸用50mL，）然后加入40 ～ 50倍沸水，充分搅拌，使其完全溶解。

染色器具内添加清水，至规定量，按上述顺序加料，搅拌（染色机运转）促其溶解，同时升温至70℃，置入待复染衣物，搅拌（染色机运转），逐渐升温至95 ～ 100℃，持续30 ～ 40min，染毕缓慢降温至60℃左右，出缸。

衣物复染后，浅色（如天蓝、米黄等色）衣物清洗两次，甩干后进行柔软处理；深色衣物（如藏蓝、黑色等），先清洗两次，脱水甩干后，再用含微量保险粉（1g/L）、纯碱（0.1g/L）和平平加（0.1g/L）的溶液对衣物进行处理，以去除衣物上的浮色及异味，最后再投水漂洗一次，脱水甩干后进行柔软处理。

（二）毛/腈混纺织物"一浴法"染色

毛/腈混纺织物，常见产品有毛/腈、涤/腈、锦/腈、棉（或黏胶）腈等。毛/腈混纺织物复染救治时，羊毛采用酸性染料，腈纶采用阳离子染料，并可根据织物具体状况，分别采用"一浴法"或"二浴法"。

采用"一浴法"复染救治时，阳离子染料与酸性染料同浴染色，而采用"二浴法"实施复染救治时，先用酸性染料染毛，再换新浴加入阳离子染料染腈。

1．"一浴法"染色处方

阳离子染料	$X\%$
酸性染料	$Y\%$
醋酸（98%）	$1.5\% \sim 2\%$
醋酸钠	1%
元明粉	$5\% \sim 10\%$

浴比：1 ：50

pH值：4.5左右

2．"一浴法"工艺操作曲线

毛/腈混纺织物"一浴法"复染救治工艺操作曲线如图7-13所示。

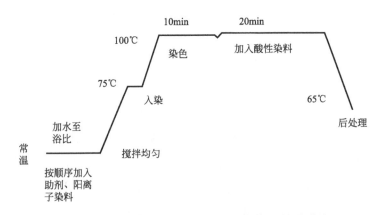

图7-13 毛/腈混纺织物"一浴法"复染救治工艺操作曲线

3. "一浴法"操作说明

两种染料分别溶解，备用。

加料顺序：醋酸—醋酸钠—元明粉—阳离子染料—待复染救治衣物（上染10min）—酸性染料。

元明粉用量根据染色深浅而定。

75℃入染，逐渐升温至100℃，上染10min后，加入溶解好的酸性染料，续染20min左右。染毕逐渐降温至65℃，清洗、甩干，去除浮色及异味，再采用柔软剂进行柔软处理。

（三）毛/腈混纺织物"二浴法"染色

1. "二浴法"染色处方（黑色）

酸性染料染毛处方

弱酸性黑BR	5%～6%
醋酸（98%）	2.5%

阳离子染料染腈处方

阳离子嫩黄X-8G	0.28%
阳离子红X-GRL	0.21%
阳离子蓝X-GRRL	0.33%
醋酸（98%）	1.5%～2%
醋酸钠	0.5%

2. "二浴法"工艺操作曲线

酸性染料染毛组分及阳离子染料染腈组分的工艺操作曲线分别如图7-14、图7-15所示。

3. "二浴法"操作说明

两种染料分别溶解，备用。

先用酸性染料染毛组分，再换新浴加入阳离子染料染腈纶组分。

入染后，逐渐升温至100℃，先用酸性染料染毛组分，上染15～20min后，再换新浴加入阳离子染料染腈纶组分，续染20min左右。染毕逐渐降温至65℃，清洗、甩干，去除浮色及异味，再采用柔软剂进行柔软处理。

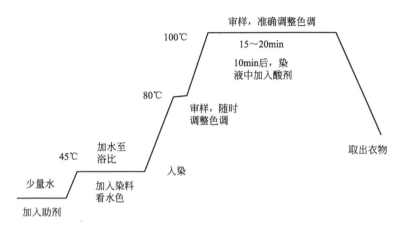

图7-14　酸性染料染毛组分工艺操作曲线

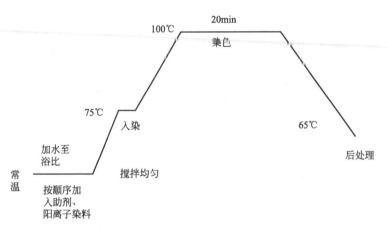

图7-15　阳离子染料染腈组分工艺操作曲线

三、阳离子染料复染救治时的注意事项

① 经剥色处理的待复染救治的事故衣物，才能进行复染处理。

② 染料用等量的醋酸打浆，冲入沸水溶解，必要时必须经过滤才能加入染色器具内。

③ 根据待复染救治织物的纤维品种和色泽深度要求，确定适宜的染色温度和时间。复染浅色衣物时，升温时间长，保温时间短；而复染深色衣物时，升温

时间短，保温时间应适当延长。

④ 复染救治毛/腈、涤/腈混纺纤维织物时，染液中应适量添加扩散剂NNO和平平加O，这将有利于弱酸性染料和分散染料的上染。

⑤ 复染救治后的腈纶纤维织物或腈纶混纺纤维织物，经投水漂洗后必须再进行柔软处理，以确保衣物的手感。

第七节　碱性染料复染救治

一、碱性染料染色的主要特点

碱性染料又称盐基染料，是各种具有颜色的有机碱与酸形成的盐，在水中离解成染料阳离子和酸根阴离子。

碱性染料本身并不具有碱性，也不要求在碱性介质中溶解或染色。恰恰相反，在碱性条件下，碱性染料反倒会生成难以溶解的沉淀。

碱性染料可溶于水，但其溶解性能远不及酸性染料和直接染料。为了提高碱性染料的溶解性能，可采用有机酸或乙醇助溶。

碱性染料表面着色能力强，而渗透、扩散性能差，因而容易出现染色不匀。因此，采用碱性染料实施染色时，需加入适量各类染色助剂，如醋酸、平平加等。

碱性染料对水中的碳酸盐硬度十分敏感。由于碱的存在会使之产生沉淀，所以染色时一般应采用软水，染液的pH也应控制在4～7之间。

个别品种的碱性染料不耐高温，如碱性嫩黄在高温条件下会分解变质，故染色时染液温度不宜过高（一般为60℃左右）。

碱性染料溶解度小，着色力强，若有未溶解的小颗粒，则容易在复染后的衣物上出现色斑，所以，如有必要，使用前应细心进行过滤处理。

碱性染料在水中离解后，染料的有色部分带正电荷，不能与阴离子型染色剂、助剂、表面活性剂等物质混用，否则会生成色淀，影响染色效果。

前文已述，除耐熨烫牢度较好外，碱性染料的耐洗、耐晒、耐汗渍、耐摩擦牢度均较差，且价格较高。但采用碱性染料染色后，色彩鲜艳夺目，远远超过酸性染料，例如玫瑰紫、玫瑰红、宝石蓝、湖蓝、槐黄等颜色的染料，常与酸性染料拼配以调整色头，用于丝绸制品、旗袍、舞蹈服装以及各种色泽鲜艳度要求极高的衣物的染色。

然而值得注意的是，碱性染料与酸性染料进行拼配时，碱性染料不能多加，否则易产生沉淀，影响染色效果。

碱性染料除用于丝、毛、腈、毛混纺纤维织物的复染救治外，还常用于石头、草帽辫、玉米皮等色彩鲜艳的工艺美术品，以及舞蹈服饰、戏剧服装服饰、高档装饰品的染色。

二、碱性染料复染救治的工艺操作

1. 调配染液

由于碱性染料给色量高，故采用碱性染料染色时，染料的用量相对较少，一般按衣物重量的0.1% ～ 1%称重选取染料。

碱性染料的浴比一般为1 :（20 ～ 50），浅色衣物的浴比较大，深色衣物的浴比减小。

采用醋酸或乙醇与染料按1 : 1的比例调浆，用50 ～ 60℃热水稀释、溶解后备用。

染色助剂：

软水剂	0.5g/L
醋酸（98%）	0.5 ～ 1mL/L（色调符合要求后添加。浅色少加，深色多加）
平平加	0.1 ～ 0.2g/L

2. 上染

染色器具内加水，至规定值后，开始升温，加入软水剂、平平加，搅拌，待其溶解且溶液达50℃左右时，置入备好的染料，搅拌均匀后查看水色，必要时添加溶解好的染料。水色基本符合色泽要求后，置入待复染救治的衣物。

碱性染料在染液温度较低时容易上色，但匀染效果差，不易染匀、染透，染液温度较高时匀染效果好，但光泽较差。因此，置入染液中的衣物上染2～3min后，应及时进行审样操作，适量添加所需染料，待衣物颜色与色标一致后，及时添加醋酸，以延缓染料的上染速度，同时升温至85℃续染。

碱性染料上染真丝织物的速度较快，一般10～15min即可，而毛纤维染料上染速度稍慢，一般需要20～30min。染色时间到，保温续染5min左右，以便染色均匀。

深色织物染色，自然降温至65℃左右时，保温续染5min，以便加深色泽。

3. 水洗（最好干洗）

采用碱性染料复染后的衣物自然降温至常温时，从染液内取出衣物，置入冷水中投水漂洗两次，当水中基本无色时，即可甩干晾起。

三、碱性染料复染救治的工艺操作曲线

碱性染料复染救治工艺操作曲线如图7-16所示。

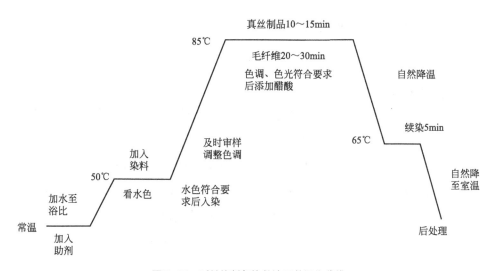

图7-16 碱性染料复染救治工艺操作曲线

四、碱性染料复染救治时的注意事项

① 碱性染料常用于色彩鲜艳的真丝织物的复染救治。由于真丝织物比较娇

嫩、华贵，因而所用工具、用具应比较圆滑，搅拌、翻动时的物理作用也不能过强，以免损坏衣物。

② 商品碱性染料为颗粒极细的粉末状材料，不仅容易飞扬，而且吸附性极强。因此，染料称重、溶解时，应避风操作；衣物复染救治完毕，应及时用氯漂溶液将器具、工具、用具清洗干净。

③ 由于碱性染料上色速度较快，衣物复染救治前，应及时查看水色，衣物入染后及时与色标进行审样对比，及时添加所需染料，避免出现色差。

④ 虽然在染液温度较高时，碱性染料的匀染性好，但真丝织物不能长时间在高温条件下煮染，所以，深色真丝织物采用碱性染料进行复染救治时，应及时添加醋酸，以便色彩均匀。

第八节　中性染料复染救治

一、中性染料染色的主要特点

由于中性染料可以在弱酸性和中性条件下对动物性纤维和聚酰胺纤维（锦纶）等进行染色，所以称为中性染料。

中性染料对纤维的上染过程与弱酸性染料十分相似。其带有负电荷的染料离子能与纤维上带有正电荷的铵根离子产生静电引力，并通过离子键结合。

染液的pH直接影响上染速度。采用中性染料染色时，加酸有促染作用，但上染速度过快，匀染性变差。因此，为控制上染速度，染液的pH应控制在中性或近中性，可用醋酸铵或硫酸铵加醋酸来调节染液的pH。

中性染料水溶性较差，对纤维具有相当大的亲和力，因此其染色湿牢度比较好。

但中性染料的匀染性没有酸性染料的好，操作不当易出现色花。由于染料中存在金属离子，织物染色后色泽较暗淡，可选用适当的弱酸性染料拼色。

中性染料主要用于锦纶纤维织物（羽绒服面料、绳、带）、部分毛纤维和丝纤维织物的复染救治和裘皮、维纶纤维制品、纸张、木材等物品的染色。

二、中性染料复染救治的工艺操作

1. 调配染液

中性染料上色率较酸性染料高，故染料用量相对较小。一般浅色衣物按衣物重量的0.1%～1%、中等色按1%～2%、深色按2%～3%选择染料并称重。

将选好并称重的染料倒入洁净、干燥的量杯中，少量水调匀，70～80℃热水稀释、溶解备用。由于中性染料颗粒较酸性染料稍显粗大，溶解染料时，应适当多加搅拌。

不同纤维织物所用染色助剂种类及用量如下：

软水剂0.1～0.2g/L，棉纤维、黏胶纤维以及锦纶纤维等，采用弱碱性浴，染液中稍加纯碱（0.05g/L），将染液pH调整为7.5；

毛纤维织物复染可采用中性浴，染液中适量添加六偏磷酸钠；

毛纤维、丝纤维以及锦纶纤维等也可采用弱酸性浴，染液中除适量添加六偏磷酸钠外，还应适量添加醋酸或硫酸铵，将染液pH调整为6.5。

除此之外，染液中还应添加0.1～0.2g/L平平加。

中性染料的浴比一般为1：（30～50）。

2. 入染

染色器具内加水（至浴比），加入上述染色助剂，溶解后加入染料，搅拌1～2min后，查看水色，必要时添加相应染料。

将染液升温，45℃左右时置入待复染救治衣物，入染，升温至75～80℃，从染液中取出衣物某个部位，适当挤干后与色标对比，实施审样操作，以便进一步调整染液色调（适当添加相应染料）。

染液逐步升温至80～90℃，再次进行审样对比，以最终决定染液色调和衣物染色深度。

复染中等色、深色衣物时，尤其深色衣物，应随时添加染料，必要时加一点酸性染料以调整色头及色彩鲜艳度。

为确保织物纤维染透、上色均匀，需保温续染25～30min。

3. 后处理

染液自然降温后，浅色衣物投水漂洗2次，脱水甩干；深色衣物投水漂洗2～3次，脱水甩干，以去除浮色和异味。

三、混纺织物采用中性染料复染救治的方法

各类混纺衣物复染救治时，应根据衣物质料，选择"一浴法"或"二浴法"染色。

例如棉/锦混纺织物复染黑色时，应先染锦纶纤维部分，不能先染棉纤维部分，否则采用直接黑染料染棉后，锦纶纤维上染率低、染不黑，因而影响染色效果。

正确的做法是：先用中性浴上染锦纶纤维部分，染后投水漂洗，去除衣物缝线及双层部位等残存的染料，避免衣物染后显露金光；采用微量保险粉、纯碱和平平加，50～60℃热水，还原清洗处理，去除衣物上的浮色及异味。

衣物经还原清洗处理后，投水漂洗1～2次，脱水甩干，然后用直接黑G染料套染棉纤维部分，或用硫化黑BRN（力份200%）套染棉，避免衣物泛红，确保黑色纯正，防止起红筋，也提高衣物的耐摩擦牢度。

棉/锦混纺织物采用中性染料加直接染料、弱碱性"一浴法"复染救治工艺操作曲线如图7-17所示。

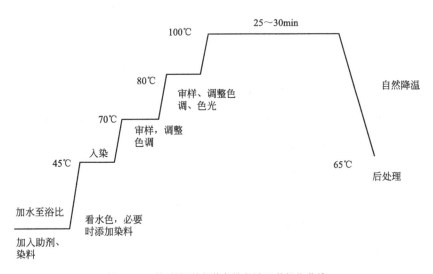

图7-17　棉/锦混纺织物复染救治工艺操作曲线

第九节　分散染料复染救治

一、分散染料染色的主要特点

分散染料对化学合成纤维中的涤纶纤维、醋酯纤维（二醋纤、三醋纤）以及锦纶纤维有良好的亲和力，对腈纶纤维的亲和力却较低。用分散染料复染救治的衣物，色彩艳丽，耐洗牢度优良，用途广泛。除此之外，分散染料还能用于塑料纽扣、拉锁牙、拉锁瓣以及尼龙拉锁头等物品的染色。

在常规条件下，分散染料对天然纤维中的棉、麻、丝、毛均无染色能力，对黏胶纤维几乎不上色。因此，化纤混纺织物染色时通常需要将分散染料和其他适宜的染料配合使用。

采用分散染料进行衣物的复染救治时，首先要考虑分散染料的配伍性能。高温型（染色温度130℃）分散染料通常不能与低温型（染色温度100℃）分散染料拼配，这是由于两者所要求的染色温度相差较大。中温型（染色温度115℃）分散染料既可以和高温型染料复配，也可与低温型染料复配。合理的颜色拼配，必须考虑染料之间性能和染色牢度的一致性，任意配色的结果是：不仅织物的色光不稳定，色泽重现性也不理想。

商品分散染料中通常含有较多的阴离子分散剂，它对分散染料有显著的增溶作用。当采用分散染料配制染液时，大部分能溶于水的是各种分散剂，细小的分散染料微粒只是被水溶性的分散剂包围。分散染料的染液，并非真正的溶液，而是一种均匀分散的液体。

分散染料的水溶性虽然较差，但载体（如膨化剂、扩散剂等助剂）的加入，可使纤维易于膨胀，把高度分散的单分子染料带进纤维，提高染料在纤维表面的聚集浓度，加速染料向纤维内部的扩散。

此外，由于载体对染料的溶解能力大大超过水，吸附在纤维表面载体层中的染料浓度，远比染液中的浓度高，这就增加了染料在纤维内、外的浓度梯度，增加了染料的上染速度。

分散染料在水中分散成细小的粒子，其粒度分布平均值为0.5～1μm。品质高的商品分散染料粒度大小十分接近，然而粒度分布差的分散染料，带有大小不等的粗粒。这种粒度大大超过平均值范围的分散染料，可能出现染料粒子的重结晶。若重结晶大粒子增多，则会导致染料析出，沉积在织物上造成染色瑕疵。

提高染液温度，可以降低染料分子间的相互作用力，使多分子缔合物分离成单分子状态。分散染料处于单分子状态时，体积小，容易进入纤维内部，可以获得更加理想的染色效果。所以，服装染色救治时，应将染液加温至100℃。

分散染料对染液pH的敏感性不太一致，不仅影响得色深浅，有时甚至产生色变。有些分散染料，在不同pH的染液中，常常获得不同的染色结果。

有些分散染料可以在中性或弱碱性条件下高温染色，可以和直接染料或活性染料同浴染色；而有些分散染料对碱十分敏感，也不耐还原作用，例如带酯基、氰基或酰胺基的分散染料，在碱性溶液中部分水解时会显著影响正常的色光。

商品分散染料溶液的pH不尽相同，有些是中性，也有些呈微碱性。衣物复染救治前，要用醋酸调节染液的pH。一般情况下，分散染料在弱酸性介质中（pH4.5～5.5）处于最稳定状态。染色过程中，染液的pH有时会逐渐升高，必要时可加蚁酸和硫酸铵，以使染液始终保持弱酸性状态。

除此之外，采用分散染料进行衣物复染救治时，染液中还需加入释酸盐（硫酸铵）、乳化剂、匀染剂等染色助剂，以获得理想的复染效果。

在分散染料加热至150～250℃（干热）时，其具有由固体直接汽化的特点，因此，涤纶纤维和醋酸纤维用分散染料复染救治后，在后整理（热定形）过程中，有时会产生干热褪色、变色或沾色问题。

分散染料常用于涤纶纤维、锦纶纤维、醋酸纤维、维纶纤维等制品的染色。事故衣物复染救治时，主要用于涤纶府绸、涤纶斜绸、涤纶拉锁辫及牙子、涤纶纽扣、涤纶包厢面料等物品的复染救治。

二、分散染料复染救治的工艺操作

1. 调配染液

一般浅色衣物按衣物重量的0.5%～1.5%、中等色按2%～3%、深色按

3%～5%选择染料并称重。

将选好并称重的染料倒入洁净、干燥的量杯中。将润湿剂BX（5g/L）加入45℃左右的温水中，搅拌均匀，待其溶解后，用其将粉状分散染料调成浆状，50～60℃热水稀释、备用。

染色助剂用量如下。

98%冬青油：浅色1～2mL/L，中等色2～3mL/L，深色4～5mL/L。

醋酸：浅色0.2～0.4mL/L，中等色0.4～0.6mL/L，深色0.8～1mL/L，调整染液pH为6～6.5。

软水剂（六偏磷酸钠）：0.1g/L。

扩散剂（NNO）：1g/L，阻止染料粒子聚集，形成稳定的分散状染液。

硫酸铵：1.2g/L，缓冲剂，稳定染液pH。

浴比：1：（30～50）。

染色器具内加水（至浴比），加入用水溶解好的软水剂，搅拌均匀。加入冬青油，搅拌均匀。在溶液搅拌过程中，缓慢加入适当稀释的醋酸溶液，使溶液呈乳状液。

检测溶液pH值，为5～6.5后，在其中加入用水溶解好的扩散剂NNO，搅拌均匀；加入粉状硫酸铵，搅拌溶液使之溶解均匀。

2. 上染

溶液中置入待复染救治的衣物，浸泡3～5min，先使织物纤维膨化。

取出衣物，在溶液中加入调配好的染料，搅拌均匀，检查水色。

查看水色后，置入衣物，染液升温至40～50℃，上染5～6min，与色标进行比对，审样。若有色差，则在染液中添加所需相应染料调整染液色调，续染。

染液升温至50～60℃，再次进行审样操作，与色标进行对比，继续调整染液色调，尽可能使染液色调符合要求，升温、续染。

当染液色调符合要求后，将染液升温至100℃，保温续染30～40min（视色泽深浅而定）。染毕降温至80℃，取样核对色光。如有必要，追加染料，染液再次升温至100℃，续染15～20min。自然降温，避免衣物骤冷。

3. 后处理

待复染救治衣物用分散染料染毕后，采用保险粉（2～3g/L）、烧碱（黑色衣物）或纯碱（0.5g/L，浅色衣物）、平平加（0.2g/L），水温50～60℃，对染后的衣物进行还原清洗（3～5min），以去除浮色、异味，同时使色泽更加纯正，否则黑色衣物发红，蓝色衣物泛金光。

还原清洗完毕，投水漂洗2次，脱水甩干后晾起。

4. 复染救治工艺操作曲线

分散染料工艺操作曲线如图7-18所示。

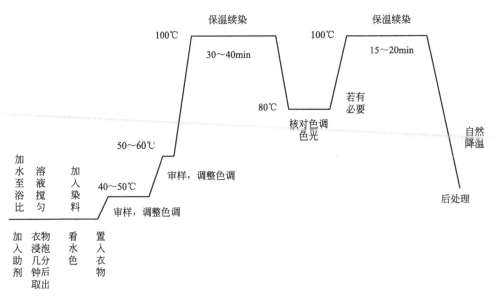

图7-18　分散染料工艺操作曲线

5. 涤纶混纺织物的复染救治

涤纶混纺（涤/棉、涤/黏胶、涤/麻等）衣物复染救治时，由于涤纶纤维组分即使采用氯漂也不脱色，只是除涤纶之外的棉纤维、麻纤维、黏胶纤维等组分脱色，因而衣物剥色处理后，只需采用直接染料、活性染料或硫化染料（黑色衣物适宜采用硫化染料，若采用直接染料复染，衣物染后易出红筋，色牢度差，易褪色），再套染除涤纶组分之外的其他组分，一般无需采用分散染料对涤纶纤维组分进行复染。

然而值得指出的是，某些并不含有涤纶纤维的浅色衣物被要求改成深色时，如果衣物的缝制线质料为涤纶，则必须先采用分散染料将衣物的浅色缝制线（涤纶组分）染好，再套染其他组分。否则，浅色的涤纶缝制线不上染颜色。

例如，一条米黄色纯棉休闲裤被要求染成黑色，缝制线为涤纶线。这件衣物复染救治时，先采用分散染料（当然需要添加各种染色助剂），在100℃下，复染处理30min左右，以便使衣物的涤纶缝制线染上黑色。

采用分散染料对衣物进行复染处理时，这条休闲裤的棉纤维组分只是稍稍发灰，并不上染颜色。经还原清洗处理以及其后进行的投水漂洗、脱水甩干后，再采用直接染料或硫化染料复染棉纤维组分，使整条休闲裤变成纯正、乌黑的黑色。

三、分散染料复染救治时的注意事项

① 采用分散染料进行衣物的复染救治时，受多种因素的限制，低温分散染料一般均可满足要求。但上染深色织物时，应适当加大染液浓度，提高染色温度，延长染色时间，否则颜色发不出来，不仅色彩不鲜艳，染色牢度也相对较差。

② 调配染料时，水温不宜过高，一般以40～45℃为宜。温度过高时染料浆液容易发黏，反倒不利于染料的均匀分散。

③ 小件衣物采用分散染料进行复染救治时，可利用高压锅，采用高温、高压染色法进行复染。实际操作时，需不时晃动高压锅，以避免织物纤维遇热受损。衣物上染30min后，高压锅降温、排气，适量添加水分，在高温条件下续染，以使染色更加均匀，也避免衣物出现褶皱、变形。

④ 涤纶混纺织物复染救治时，先用分散染料上染衣物的涤纶组分，再用活性染料、直接染料或硫化染料上染棉或其他纤维组分，以确保衣物的复染救治效果。

大多数涤纶混纺织物复染救治时，由于涤纶纤维组分一般不易脱色，故通常不用染色，只需用活性染料、直接染料或硫化染料上染非涤纶纤维组分即可满足要求。

⑤ 某些浅色衣物需要改成深色时，应仔细鉴别衣物缝制线的质料。若衣物缝制线为涤纶线，必须首先采用分散染料对衣物进行复染，然后再用其他染料复染衣物，以避免衣物的涤纶缝制线不易染上颜色。

⑥ 采用分散染料进行衣物复染救治后，需利用还原溶液对衣物进行比较彻底的清洗处理和投水漂洗处理，这不仅能去除衣物上的浮色和异味，还能使衣物的色泽纯正，避免某些深色衣物泛红或泛金光。

第八章 事故衣物复染救治常见问题与预防

对带有色泽事故的衣物进行复染救治时，不仅需要了解有关染色的基础知识，掌握娴熟的操作技能，还需要具备相应的机具设备和操作条件。然而洗衣业目前开展的事故衣物染色救治，受多种因素的制约，大多依靠手工操作，因而受各方面因素的影响，往往会出现一些意想不到的问题。

接下来把事故衣物复染救治过程中，最容易出现的一些典型问题总结、整理如下，供业内朋友参考、借鉴。

第一节 影响衣物复染救治效果的主要因素

一、事故衣物复染救治的主要特点

影响衣物复染救治效果的因素是多方面的。事故衣物的复染救治不但有别于服装的清洗、保养，而且与纺织行业的染色加工处理有很大区别。

主要的区别在于纺织行业面对的待染色制品，恰似一张"白纸"，可以随意对其进行各种加工处理，而复染救治则不同。待复染救治的衣物不但配有衬里，而且服装面料上存在着差异极大的各种各样的颜色。况且，档次愈高的服装，经常其上的饰物和镶条愈多、愈奇特。二者相比，复染救治处理工艺的操作难度是显而易见的。

其次，纺织行业的印染加工，是在烧毛、退浆、煮练、水洗、定形等几大加工阶段基础上进行的。其工艺路线清晰，各工序的安排和衔接有据可查。而事故衣物的复染救治，基本上完全取决于操作者的经验和技术水平，而且，几乎每进行一项操作都要进行试验。这对复染救治操作者分析问题、解决问题的能力提出了更高的要求。

再次，纺织行业的印染加工，工序较多，因而大多配置了各种各样的机器设备和检测仪器。洗衣服务业则不同，除少数具有相当规模的洗衣厂配置了相应的清洗、烘干、熨烫等设备外，大多数洗衣厂、店以手工操作为主。这些由设备条件和加工场地等限制所造成的困难，在纺织印染行业是难以理解和想象的。

出现色泽事故的服装，由于无法继续穿用，失去了它的穿着、美饰作用。为了恢复衣物原有高雅、条理、舒展的自然美，人们希望洗衣服务业能对这类衣物进行复染救治。因此，业内众多从事事故衣物复染救治的朋友，需要在看来较为简陋的条件下，在深入了解有关基础知识、不断总结实践经验的基础上，尽力改善和提高事故衣物复染救治质量，才能满足人们日益发展的物质文明需要，进而把复染救治工作推向新高度。

二、前处理的影响

带有色泽事故的衣物，无论"咬色""褪色"还是沾染色渍，均会使衣物整体的色调、色光产生明显差异。复染之前的剥色处理，还可将衣物上可能存在的油渍、汗黄、色渍等去除干净，露出织物纤维原有的底色，或使织物颜色变浅或者彻底变成白色，以便为随后进行的复染救治奠定基础。

然而织物质料不同，款式风格不同，色泽深浅不同，剥色时选用的剥色材料和操作工艺存在的差异，均会影响衣物的复染救治效果。

三、染色的影响

1. 衣料结构

带有色泽事故的衣物复染救治时，通常要根据衣物的重量和染料配方计算染色材料的用量及决定操作工艺。衣物复染时，不仅衣物称重的准确与否会直接影响染色效果，衣物及质料的结构（如衣物尺寸大小，面料致密程度，质料的厚、薄，纱线的支数、重量、捻度等），对复染救治效果的影响绝不容忽视。

2. 染色浴比

染色浴比也是影响复染救治效果的重要因素。只有有效控制浴比，才能保证得色深度和色光的稳定性。浴比选择不当，会影响染料与织物纤维的平衡浓度，会造成染色配方中各种染料上染率的不同，从而产生色差。

3. 染液pH值

染液的pH值不仅影响染料的色光，还影响某些染料的上染率。例如，采用分散黑在弱碱性染液中染色时，得到的不是黑色而是深咖啡色。因此，要想获得理想的复染救治效果，保证染色重现性，必须根据所用染料的性能，控制好染液的pH值。

4. 水质

复染救治用水应为软水，其硬度一般应≤50mg/L。若复染救治用水偏硬，则容易使染料和某些助剂产生沉淀，造成染色不匀、色泽鲜艳度差、各项牢度也会下降。

此外，由硬水配制的染液在染色过程中会产生某些不溶性物质，这些不溶性物质会在衣物上形成斑渍，进而会影响衣物的光泽和手感。

5. 染料的选择、配伍

不同染料，其染色性能、上染率、染色牢度、配伍性等存在极大差异。事故衣物复染救治时，应选择染色性能相近、上染率较一致、配伍性以及各项牢度均适宜的染料进行拼配，以确保复染效果的稳定性。

6. 染色材料的复配

染色材料的复配包括染料及染色助剂的选择与称量，材料的溶解等操作。

根据工艺配方计算出相关染料的用量后，利用适宜的量具，如托盘天平、精密电子秤等，准确称量，尽可能减小误差。

所选染色助剂的用量应适当。助剂用量过高或过低，均会影响得色深度，降低染色的重现性。

溶解染料时要合理控制水温，操作得当。例如，活性翠蓝系列染料分子较大，又是粉状，不易润湿，反而易结成粉粒，染料溶解时易漂浮于液面。因此，溶解这类染料所需要时间的较长，同时需进行高速搅拌。分散染料溶解时水温不宜超过50℃，否则染料易凝聚成块，继而在染色过程中出现色点。

总之，无论哪种类型的染料，溶解时都要均匀、彻底。

7. 复染救治操作

各类衣物复染救治过程中，加料顺序及添加量、搅拌速度、水色检测、审样的时机与方法、染液温度的掌控、续染时间以及后处理等，都有赖于操作人员的操作技能和责任心，均会对复染救治的效果造成影响。

第二节　剥色常见问题与预防

剥色处理过程中，将待处理的衣物，置入能与织物纤维上色素基团起化学反应的溶液中（常用保险粉）进行处理，使其颜色与所需要的色调接近或彻底消失变成白色。

某些衣物，一次剥色处理后效果并非十分理想，还需进行二次剥色处理；或者对一次剥色处理后的衣物，进行氧化处理，然后彻底进行投水漂洗，以便将衣物上可能残存的化工材料去除干净，为其后进行的复染救治奠定基础。

按照上述传统操作工艺进行剥色处理后，某些衣物的剥色效果仍不理想，有的衣物上会残留部分原色，而有的衣物则剥色不均匀。

一、剥色不匀

尽管导致剥色不匀现象发生的原因是多方面的，然而主要考虑以下两个方面。

衣物清洗、护理过程中出现的色泽事故，很多是在去渍处理过程中，或是由去渍材料选用不当，或是由去渍操作不合理造成的。

因衣物去渍引发的色泽事故，污渍处使用的去渍材料未能及时清理干净，在料面存留时间过长时，会造成织物纤维不同程度的变性。这类衣物复染救治前剥色处理时，很容易出现剥色后衣物上仍残留部分原色的问题。

因此，对这类衣物实施剥色处理时，应首先进行清洗前处理，以尽可能去除衣物上残留的去渍材料。适当提高剥色时的浴液温度，增加织物纤维的膨胀度，将有助于提高剥色效果。此外，延长衣物的剥色时间，也对剥色大有益处。

衣物剥色不均匀，大多与保险粉等化学药剂的加入时机不正确有关。

若保险粉等化学药剂加入浴液时温度过高，尚未进入织物纤维内部，保险粉已被分解，生成亚硫酸钠，产生强烈的刺激性气味，亚硫酸钠再水解逸出新生态氢，失去有效成分，因而影响剥色效果。

为解决上述问题，可在由纯碱、保险粉等化学药剂组成的混合液低于60℃时，置入待剥色衣物，适当搅拌，以使剥色用的保险粉均匀地附着在衣物纤维上；然后升温，使进入织物纤维内部的保险粉，随着浴液温度的提高分解后直接均匀地破坏织物纤维上的染料分子，达到剥色目的。

此外，若保险粉保管不当或贮存时间过长，则有效成分降低，也会影响剥色效果。适当加大此类保险粉用量，即可避免剥色不均匀的问题。

根据待处理衣物的色泽深浅、剥色难易程度，适当增减保险粉用量，调整剥色浴液温度和剥色处理时间，也是解决剥色不均匀的好方法。

二、复染效果不佳

带有色泽事故的衣物复染救治后，有时也会出现复染效果不尽人意的问题。因此，也应对其进行剥色处理后，重新进行复染。

采用不同染料复染救治的衣物，应采用不同的剥色处理方法。根据曾林泉的资料，将各类染料及固色剂的剥色摘编整理如下，供读者参考。

1. 活性染料的剥色

含金属络合的任何活性染料，都应首先在金属多价螯合剂的溶液（2g/L EDTA）中沸煮，然后在碱性还原或氧化剥色处理前彻底水洗。完全剥色需在碱和保险粉中高温处理30min。在还原剥色后充分清洗，然后在次氯酸钠溶液中冷漂。

2. 硫化染料的剥色

在还原剂的空白溶液（6g/L硫化钠）中，在尽可能高的温度下处理，以实现硫化染料染色织物的修正在重染色泽前达到使染色织物部分剥色的目的。情况较严重时，必须采用次氯酸钠或保险粉剥色。

3. 酸性染料的剥色

采用氨水（20～30g/L）和阴离子润湿剂（1～2g/L），沸煮30～45min。在氨水处理前，用保险粉（10～20g/L）在70℃下处理一定时间，有助于酸性染料的完全剥色。亦可采用氧化剥色法。

在酸性条件下，加入的特殊表面活性剂也有良好的剥色作用，此外也可于碱性条件下剥色。

4. 还原染料的剥色

一般在氢氧化钠和保险粉混合体系中，在比较高的温度条件下，使织物还原染料再还原。有时需加入聚乙烯吡咯烷溶液，例如BASF的Albigen A。

5. 分散染料的剥色

涤纶纤维织物上分散染料的剥色，通常采用下述两种方法：

① 甲醛合次硫酸氢钠（雕白粉）和载体，在100℃、pH为4～5的条件下处理；

② 亚氯酸钠和蚁酸在100℃、pH为3.5的条件下处理。

如果先通过方法① 处理，再通过方法② 处理，处理后尽可能套染黑色，则可取得较为理想的效果。

6. 阳离子染料的剥色

腈纶纤维织物上阳离子染料的剥色通常采用下列方法：

在含有5mL/L单乙醇胺和5g/L氯化钠的浴液中，在沸点下处理1h。清洗干净后，在含有5mL/L次氯酸钠（1.5g/L有效氯）、5g/L硝酸钠（腐蚀阻止剂）并用醋酸调整pH至4～4.5的浴液中漂白30min。再将织物用亚硫酸氢钠（3g/L）在60℃下处理15min，或用1～1.5g/L保险粉在85℃下处理20～30min。最后清洗干净。

采用净洗剂（0.5～1g/L）和醋酸的煮沸溶液在pH4的条件下处理染色织物1～2h，也可达到部分剥色效果。

7. 不溶性偶氮染料的剥色

不溶性偶氮染料的剥色：用5～10mL/L 32.5%的烧碱，1～2mL/L的热稳定性分散剂和3～5g/L保险粉处理，外加0.5～1g/L蒽醌粉末。如有足够的保险粉和烧碱，则蒽醌会使剥色液变红。如果它转变为黄色或棕色，则必须进一步加入烧碱或保险粉。剥色后的织物应充分清洗。

8. 固色剂的剥除

固色剂Y可用少量纯碱和平平加O予以剥除；多胺阳离子型固色剂可以用醋酸沸煮的方法予以剥除。

第三节　复染常见问题与预防实例

活性染料色谱齐全，色泽鲜艳，应用比较方便，价格虽比直接染料、硫化染料稍贵，但染色牢度好。尤其对于某些带有溃底、暗溃、白露、挫伤等事故的衣物，采用活性染料具有一定的遮盖作用，是目前棉纤维、麻纤维、黏胶纤维、氨纶纤维、维纶纤维、丝纤维、毛纤维及纺织品印花制品复染救治的主要染料，如用于针织品、真丝制品、毛巾、床单、台布、T恤衫等的浅色及中等色制品。

但采用活性染料实施事故衣物的复染救治时，活性染料要求染料用量计量十分精确，否则容易导致色差。尤其是在颜色拼配过程中，三拼色发生色差的概率要比二拼色或单拼色大得多。而复染后的衣物出现色差，既与染料的性能、染料之间的复配有密切关系，同时还与复染前的剥色处理、复染工艺条件等诸多因素有关。

一、活性染料可能出现耐洗牢度差问题的预防

染料与纤维形成共价键结合后，再水洗时不会解吸、褪色或渗色，因而活性染料的耐洗牢度理应是很好的。活性染料的耐洗牢度，与染料自身结构和性能、染色工艺和固色处理工艺等因素有关。

活性染料分子中含有的水溶性基团越多，虽然越有利于染料的溶解和上染，但水溶性基团的存在，也会增强染料分子脱离织物纤维而溶于水的趋势。因此，采用活性染料复染后，需认真进行固色处理。

染料的分子量越大、极性越强、结构形态的规整性越好，染料的扩散性越差，越容易聚集在织物纤维表面而不易向纤维内部扩散和转移，因而浮色越多。

染料的活性基团不同，与纤维形成共价键的稳定性也不相同。活性基团的反应活性越高，成键后的稳定性越差。活性基团不同，与纤维反应所形成共价键的耐酸、碱稳定性也不相同。

为解决活性染料耐洗牢度差的问题，首先应尽量选择同一类型的染料。因染料的性能不同，复染时所需的工艺条件也不相同。例如，事故衣物复染救治时，需用三只染料拼色，若其中两只染料上染率高，而另一只大量水解，则不但色泽、色光会出现误差，而且会造成水洗牢度下降。

活性染料染色时，存在一个染液饱和平衡上染率。超过这个数值，则过多的染料聚集在织物表面，无法渗透到织物纤维内部与纤维发生反应。因此，活性染料染色时，染液浓度越高，织物的耐洗牢度越差。

为解决活性染料耐洗牢度差的问题，在采用活性染料复染的操作过程中（包括染色过程、固色过程以及其后进行的水洗过程等），还应适当采取某些措施，以避免对活性染料耐洗牢度造成影响。

例如，染色时，可在染液中加入适量的渗透剂，以利于染料的扩散和渗透，避免染料分子过多聚集在织物纤维表面造成浮色。

织物染色后固色时，碱剂既能起固色作用，也会引起染料的自身水解以及与纤维共价键的断裂。这些副反应均会造成织物上水解染料增加、耐洗牢度下降。

所以，应准确控制工艺操作过程中的碱剂用量、染液的pH值、染色温度等工艺条件，使反应向固色方向进行。

相比之下，活性染料的耐硬水能力虽强，但若用较硬的水溶解染料，特别是固色浴液，则硬水中的钙、镁离子会生成不溶于水的碳酸钙、碳酸镁等，这些不溶性物质与染料结合在一起，形成色淀沉积到织物表面，从而造成织物耐洗和耐湿摩擦牢度降低。

因此，采用活性染料复染时，最好采用软水。不仅如此，固色后水洗时，不仅要保证浴液温度，加大水洗浴比，同时还应避免使用碱性洗涤剂，以便既能彻底清除浮色，又能避免造成染料的再次水解。

二、双色针织T恤衫复染时可能出现变形、渗色问题的预防

图8-1为复染救治后的龙胆紫色纯棉POLO衫（查看图8-1～图8-7彩图请扫前言处二维码）。复染救治前，洗涤操作不当造成整件衣物色花严重，要求尽可能恢复原状。

从图8-1可以看出，该POLO衫总体为龙胆紫色，而领口、袖口为黑色。复染救治过程中，一方面容易出现色泽方面的事故，另一方面可能出现变形。

为避免出现上述事故，复染救治时可采取以下几项措施：

① 为确保整件衣物色彩鲜艳，复染救治前，将领口、袖口黑色部分拆下，分别进行剥色和复染处理。

② 为确保衣物不产生明显变形，衣物领口、袖口等易变形部位采用强度适宜的缝线固定。

③ 为防止该件衣物的黑色部位在日后的清洗、护理过程中渗色，造成衣物不能继续穿用，复染救治过程中，龙胆紫色部分采用耐洗牢度较好的活性染料复染，而黑色部分采用耐洗牢度较好的硫化染料复染。

图8-1　复染救治后的龙胆紫色纯棉POLO衫

三、绣花图案可能出现沾色问题的预防

图8-2为复染救治后的深蓝色、绢丝纺夹克衫金黄色绣花图案。复染救治前，洗涤操作不当造成整件衣物色绺严重（衣物前片几处明显的白道），要求尽可能恢复原状。

图8-2　复染救治后的深蓝色、绢丝纺夹克衫金黄色绣花图案

复染救治时，由于该件衣物的金黄色绣花图案无法拆除，剥色处理可能导致图案褪色、变色；此外，复染救治时，图案可能沾染颜色。

为避免出现上述事故，复染救治时可采取以下措施：

① 为避免剥色处理可能导致的绣花图案褪色、变色现象，剥色浴液中不加碱剂，同时降低剥色浴液温度。此外，剥色浴液中除添加适量剥色助剂（如软水剂、保险粉、平平加等）外，还应适当延长剥色时间。

② 复染救治时，不宜采用直接染料，以免绣花图案沾色，而应采用酸性染料。复染救治后，投水漂洗干净。

四、浅色内衬复染时可能出现沾色问题的预防

图8-3为复染救治后的黑色面料、浅色内衬风衣。复染救治前，由于穿用时间过久，该件衣物整体褪色，衣物的前襟、袖口、袋口处明显磨白。

有人认为，黑色衣物的复染救治操作简单，可以不经剥色处理而直接采用

直接染料复染。但采用直接染料复染后，衣物的黑度不够。若通过加大染料添加染料量提高衣物黑度，则衣物复染后接缝处泛红光，未投净部位泛金光，染色牢度也较差。

不仅如此，由于直接染料直接性强，衣物衬里极有可能变成红棕或黄棕色，明显发旧。

为防止出现上述问题，应采用硫化染料进行复染救治。采用硫化染料复染救治的衣物，除摩擦牢度稍差外，其余指标均优于直接染料，而且成本也较低。

图8-3　复染救治后的黑面料、浅色内衬风衣

此外，衣物的白地蓝、红格衬里，不会产生色变，整体呈现蓝灰色。不仅衬里的蓝、红格不受影响，而且更新鲜，色牢度也较好。

五、羊绒衫可能出现色差问题的预防

图8-4为洗后变色的羊绒衫。原色为紫蓝色，水洗后整体褪色，泛白、发旧，呈蓝灰色。

该衣物胸前有球状卷花装饰，复染救治时，容易出现装饰物不易染透、染匀现象，从而导致色差出现。

为避免出现上述问题，复染救治时，应特别注意染色工艺条件的控制，例如，借助于元明粉、平平加等助剂的匀染、缓染、渗透作用，配合缓慢升温、适当延长保温续染时间等措施，避免酸性染料上染速度过快，以便染匀、染透。

此外，保温续染期间添加醋酸时，最好将羊绒衫从染液内取出，或者加酸时适量兑水，以免局部上色过快；同时适当加快搅拌速度。既利用酸剂促染吸净染料，又确保染料均匀上染且颜色饱满。

采用上述方法复染救治后的羊绒衫如图8-5所示。

图8-4　洗后变色的羊绒衫　　　　　　　图8-5　复染救治后的羊绒衫

六、真丝镶边衣物的复染救治

真丝衣服（图8-6）复染救治时，由于顾客只是要求改变磨损、变白部位的状况，故只能拆下镶边复染，再重新缝制归位。

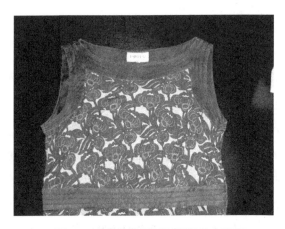

图8-6　复染救治前的真丝镶边连衣裙

应该指出的是，复染救治，只能缓解或减弱真丝织物严重磨损部位泛白、发旧的状况而不能彻底消除，因而收活时应向顾客声明，尽可能降低顾客的期望值，以免日后产生不快。

此外，由于相比之下活性染料遮盖能力较强，此类衣物可考虑采用活性染料复染救治。但采用活性染料复染，一旦出现意外，也不易修复。

图8-7为复染救治后的图片。

七、真丝纤维织物复染过程中容易出现的问题与预防

真丝制品复染救治过程中，容易出现色花、色绺、色差以及耐洗牢度差等问题。要防止这些问题的产生，应该主要从染料选择和复染救治工艺操作两方面入手。

图8-7　复染救治后的真丝镶边连衣裙

各种带有色泽事故的衣物复染救治时，颜色的拼配是必不可少的。大多数颜色常需要二至三只染料配色以满足衣物复染救治的需要。多只染料的拼色，无疑增加了衣物复染工艺操作的难度。

操作难度大首先体现在颜色拼配方面。拼配颜色时，除了要考虑染料的上染率和匀染性能外，还要考虑染料色牢度方面的问题。例如，采用红、黄、蓝三只酸性染料拼配颜色时，如果仅从上染率、匀染性能来考虑，则很多类型相同的酸性染料均可作为三原色来拼配颜色。但考虑染色牢度，有些染料的耐洗牢度差异十分明显。若采用色牢度较差的染料拼色，由于色牢度不好，脱色严重，则达不到预期效果，水洗后就会产生色变，或出现色花，或出现明显色差。

所以，拼配颜色时，不仅要选择染色性能相近的染料，还要考虑染料的色牢度指标，其不能差异过大。

此外，复染操作过程中，染料溶解好后才能加入浴液，以防出现色点、色渍。衣物入染时，染料的浓度不宜过高，电解质用量不宜过大。添加促染剂时，染液温度不宜过高，促染剂不能添加过快。除活性染料外，促染剂一定要在续染过程中分批加入。

添加染料和促染剂时，应尽可能将复染衣物从染液中取出，待染液搅拌均匀后再加入，而且，染液温度不宜过高，升温不能过快。

待救治衣物复染后，一般均需水洗以去除浮色。为提高真丝制品的光泽度和色牢度，在最后一次水洗时，加入适量醋酸，或者采用固色剂来提高织物的耐洗牢度。但固色剂用量应适当。有时固色剂用量过大，会导致某些染料的耐摩擦牢度下降。

八、毛纤维织物复染过程中容易出现的问题与预防

毛纤维织物复染救治过程中，因织物及其质料的结构不同，染色方法不同，可能出现的色花状况也不尽相同。有时衣物的不同部位出现不规则色花，有时衣物的里、外层或上、下局部色泽不一，有时衣物呈现不规则的条状色泽不匀，有时则呈现色泽差异明显的块状色花。

要想避免此类现象的发生，首先应从染料的选择与颜色的拼配上下功夫。

颜色拼配时，若使用的几只染料的上染速度差异较大，则在相同染色时间内，上染速度慢的上色少，上染速度快的上色多，从而造成复染后的衣物颜色不均。

染料的移染性能也会导致染后衣物色花问题的产生。在相同的染色条件下，移染性能差的染料吸附到织物纤维上后，很难从织物纤维上解吸返回染液，因而形成色差。

因此，颜色拼配选择染料时，应选择溶解度、上染速度、移染性能、染液pH值等指标相近的染料。而且，拼配颜色时，所用染料只数越少越好。

染料性能不同，其溶解及稀释的方法有很大区别。化料时若稀释倍数小，则染料不能充分溶解，染料颗粒分布不匀，会产生色花。

溶解度小的染料，例如酸性藏青5G、GR，冷水打浆后应用较大倍数沸水溶解、稀释；弱酸性艳蓝7BF、弱酸性青莲FBL，不仅溶解度小，而且低温时易凝聚，故化料时宜用温水打浆，再用大量沸水溶解。必要时，可在这类易凝聚染料化料时，适量加入扩散剂和匀染剂。

某些溶解性很差的染料，如中性络合艳红BL，可采用分别化料的方法，温水溶解，不可用沸水溶解，否则染料成稠厚浆状，溶解、稀释相当困难。

不同类型的染料，染液的pH值不尽相同。弱酸性染料，染液的pH应控制在4～6，若pH偏低，则上染速度快，易产生色花。而强酸性染料，染液的pH在

2～4，若pH偏高，则影响匀染作用，也会产生色花。毛用活性染料对pH值较为敏感，染液pH值一般应维持在6～7。

不同类型酸性染料染色时，所应选用的染色助剂也不一样。弱酸性染料宜选用醋酸作为助剂；强酸性染料则应选用硫酸作为助剂；中性浴酸性染料则采用硫酸铵或醋酸铵作为助剂，冷水溶解后加入，使其在染色时逐步分解，保持染液pH值。酸性助剂使用不当，反而容易造成染色不匀。

对于匀染性能不同的染料，酸性助剂的添加方法不当也会造成色花。例如匀染性能差的酸性染料，初染阶段不加酸或少加酸，以免加酸后上色过快造成上色不匀，可采用分批加酸促染的方法。匀染性能好的染料则相反，在开始染色阶段，酸剂可适量多加，以防温度升高时上染速度快而产生色花。

染液内添加染料或助剂时，应尽可能将复染衣物从染液内取出，染料或酸剂添加完毕后，染液应搅拌均匀，之后再进行加温续染。

染料的性能不同，其入染温度与升温速度也要分别掌握。低温时易凝聚的染料，入染温度可稍高，可在60～70℃时入染。而上染速度快的染料，则应低温入染，而且升温速度要慢，待大部分染料上染后，再加快升温速度，否则极易染花。上染率较高的染料，应严格控制升温速度，缓慢上染才能染匀。否则上染不匀，后虽经沸染也难改善。

九、丝/毛混纺纤维织物复染过程中容易出现的问题与预防

由于纤维组织结构及物理、化学性质的不同，弱酸性染料在真丝和羊毛上的染色性能存在较大差异。羊毛上染速度较慢，而平衡上染率高；真丝上染速度快，平衡上染率却较羊毛低，因而容易产生色差。

为避免在纤维组织结构及物理、化学性质不同的混纺织物上出现色差，首先应选择同色性较好的弱酸性染料。如弱酸性艳红10B、弱酸性红BS、弱酸性桃红RB、弱酸性黄6G、弱酸性黄RXL、弱酸性黄3GL、弱酸性品蓝6B、弱酸性果绿3GM、弱酸性绿5GS等。

对于不同的织物纤维，同一种类的染色助剂的促染效果存在一定差异。例如，对真丝组分而言，硫酸铵用量在2g/L以上时即有明显效果，而对羊毛纤维

来说，其用量增加到6g/L左右时效果才比较明显。为避免出现色差，在这类混纺织物的染液中，硫酸铵的用量应为5～6g/L。

织物纤维种类不同，其最佳染色温度、染液pH值和续染时间不可能相同。对这类混纺织物而言，染色温度超过95℃时，羊毛和真丝的上染率接近；然而当染液温度升高至100℃时，羊毛上染率超过真丝。因此，这类真丝/羊毛混纺织物的最佳复染温度应为95～98℃。

染液的pH降低，染料在这两种纤维上的上染率均增大。但羊毛的等电点比真丝低，其对染液的pH较为敏感。当染液的pH超过5时，上染率明显下降。为避免这类混纺织物复染时出现色差，染液pH应控制在5～6。

适当延长染色时间，这两种纤维的上染率均增加。但复染时间过长，羊毛纤维因上染率偏高颜色偏深，从而产生色差。因此，这类织物的复染时间，一般应视衣物的结构、颜色深浅及复染时的具体状况，在20～40min进行选择。

第九章　衣物清洗时色泽事故的预防

前文已述，各类衣物在清洗、护理过程中，有时会出现一些色泽方面的问题，例如色花、色绺、搭色、串色甚至咬色（颜色明显变浅）。

导致这些问题产生的原因是多方面的：或是由于衣物质料染色时染料选择、配伍不当，工艺操作不合理；或是由于衣物穿着、使用过程中的光照、摩擦、多次清洗；或是由于衣物清洗、护理过程中洗涤条件不适宜、洗涤操作不规范等。尤其是洗衣店清洗、护理顾客衣物时造成的色泽事故，轻者会招致顾客的非议、抱怨，重者还会导致顾客的投诉、索赔，这对洗衣店的正常运营十分不利。因此，必须采取积极的预防措施，避免色泽事故的发生。

第一节　洗衣事故的主要影响因素

客观地说，任何织物清洗后都会发生不同程度的褪色现象。只不过织物的质料不同、清洗方法不同、染色牢度不同，清洗后褪色程度不一样。而且，不同的消费群体，其自我感觉以及接受能力也存在极大的差异。所以，织物清洗后产生的褪色是绝对的，而不褪色则是相对的。究其原因，既与织物清洗时的洗涤条件、特别是手工水洗的洗涤条件（如洗涤剂的pH值、洗涤液浓度、洗涤时间、洗涤温度等）有关，也与织物清洗时的工艺操作（如水洗时的揉、搓、刷等物理作用）有关。而织物清洗后是否会明显褪色，则基本取决于织物染色时的染色牢度。因此，门店营业员收活时，应尽量向顾客解释清楚。此外，操作人员也应了解常见织物纤维与染色的关系，尽量避免或降低织物清洗（尤其是水洗）后可能产生的褪色问题。

为防止衣物手工水洗过程中出现色花、色绺、搭色、串色以及衣物结构产生明显变形等洗衣事故，衣物洗涤操作过程中，除了要注意洗涤剂的选择、洗涤液的温度、洗涤剂的浓度、洗涤时间、洗涤时的物理作用等对衣物色泽及结构可能产生的负面影响外，还应注意洗涤用水水质对洗涤效果的影响。除此之外，也要考虑手工清洗不同色泽衣物时，由多种原因造成的先天性缺陷以及搭色、串色等。在确保衣物色泽、结构不产生明显恶性改变的前提下，争取最佳的衣物清洗、护理效果。

一、衣物"先天性缺陷"的影响

衣物在穿着、使用过程中，由于纤维材料的吸附作用和各种污垢的污染，需要对衣物进行定期或不定期的清洗、保养，以实现去除污垢达到再穿用的目的。但是，衣物在清洗、保养、收藏、保管，尤其是在穿着使用、过程中，不可避免地会受到不同程度的损伤，从而最终导致"衣物穿用→污垢污染，清洗保养→再穿用，再受污垢污染→再次清洗、保养"循环的终结。因此，工业发达国家的一些研究机构，在一些学者，纺织界、洗衣界人士和保险公司的协助下，研究、制定了服装的耐穿用期限，以便在服装清洗、保养前，和顾客一起共同探讨衣物可能淘汰的原因，以避免产生不必要的纠纷。

影响服装耐穿用期限的因素很多。衣物在穿用过程中，经常受到拉伸、压缩、屈曲、冲击、摩擦等物理作用，从而导致织物纤维磨损、缝线断裂、纱线脱散，致使服装的可穿用性能变差。此外，人体分泌物、皮脂造成的污染，各种化妆品和食物汤汁的侵蚀，以及空气中的水汽、日光中的紫外线、各种腐蚀性物质和形形色色的微生物作用，不仅会使织物纤维强度下降，还可能在衣物上产生永久性的斑痕，甚至导致衣物褪色、变色。这些本来就属于衣物穿用过程中产生的问题，不能期望通过服装的清洗、保养得到彻底改观。

尤其应该指出的是，洗衣业接触的各式服装，由于不是单一面料，它还有里衬、缝线、纽扣、装饰物等不同质地，不同物理、化学性能的服装辅料。而且，衣物在穿着、使用过程中，还要经受摩擦，日光、大气、水分和各种气候条件的作用以及形形色色污渍、污垢的侵袭。因此，衣物每经过一次洗涤、保养后，其色泽、色光、尺寸均会出现某些微妙的变化。尽管在这些变化的初期，人们很难觉察，但是，这些微妙的变化一直在缓慢地进行着，以至于最终引起明显的物理效应，如褪色、变形、色花、色绺等。这些应属正常现象，绝非洗衣操作者的恶意所为。

众所周知，丝织品华丽、柔软、富有弹性，穿着舒适、飘逸、潇洒，属常见纺织纤维中的上品。然而丝纤维普遍存在着色牢度较差，清洗、保养时极易出现掉色或色花、色绺等问题。究其原因，不仅与其独特的质料构成及化学性质有关，而且与其常用的染料性质有关。蚕丝是蚕体分泌物凝固而成的物质，其外层是丝胶，内层是真丝的主要成分丝素，丝胶包覆在丝素的表面，且分布不均匀。丝织品在制丝、丝织、染色及后整理过程中，虽经煮茧和练漂，在不损伤丝素的基础上去除了部分或大部分丝胶，但终归因其纤维摩擦较小，不利于色素的吸附和沉积。丝纤维大多采用酸性染料使纤维着色，酸性染料虽色泽鲜艳、着色均匀、使用方便，但因分子小、溶解度大，与丝纤维亲和力较弱，不利于固色，从而大大降低了丝纤维的耐洗、耐晒等牢度性能，故丝纤维的染色牢度是天然纤维中最差的。

此外，丝纤维对光的作用很不稳定。在光照射下，丝纤维容易与空气中的氧发生作用而分解，这使得丝纤维的耐光性能较其他天然纤维都差。丝纤维的这些固有缺陷和不足，虽然可以在清洗、保养过程中采取相应措施尽力避免或减轻，却不能从根本上扭转或克服。

为满足人们对服装功能的要求，为适应特定环境的需要，近年来人们相继开发了服装材料的特殊功能整理。例如，防皱、防缩硬挺整理，抗紫外线整理，柔软抗静电整理，拒水、防污整理，抗菌、防霉整理，加香、保暖整理等。这些特殊功能处理虽然改善和提高了服装的可穿用性能，但对织物进行特殊功能处理时所用化工材料的功能会随着洗涤次数的增加，逐渐减弱或消失。这不仅影响了服装的耐穿用期限，而且也使功能性服装的耐洗性能大打折扣。有关这方面的问题，洗衣服务业企业与服装的主人在衣服清洗、保养前就应达成共识。

随着化学工业和纺织工业的发展，各种新工艺、新材料大量涌现，从而使服装服饰的款式、风格、色彩、光泽更加多样。这不仅美化了人民的生活，也给洗衣服务业提出了更高的要求。然而衣服清洗、保养的效果如何，不仅取决于洗衣服务业企业的业务技术素质和实力，更与服装所用的主、辅材料，服装制作工艺，衣物色彩以及衣物出厂标记等因素密切相关。

日常工作中，常见有些服装标示牌明确告知：只可干洗，不能水洗。然而某些这种类型的服装一旦干洗，服装的树脂涂层与干洗溶剂发生作用，其性质发生了变化，使得干洗后的服装状如纸板，根本无法穿用。特别是有些物美价廉的羽绒服，其面料与里衬之间的填絮料，出于加工工艺和服用性能诸方面的需要，常用塑料或树脂薄膜以及无纺布之类的材料，将羽绒等填絮物做成完整的絮片，根据需要剪裁成形再行缝制。这种絮片不仅加工非常方便，而且由于薄膜的存在，阻止了空气的对流和热辐射，服装的保暖性能也进一步提高。

然而这类服装既不能干洗，也不能在水洗后加温烘干，服装的可洗涤性极差：干洗易导致薄膜溶解，这不仅会造成服装保暖性能的下降，而且极易在服装面料上显现出类似污渍样的斑点。其主要原因是絮片薄膜溶解后，絮片内的毛梗外扎，使得深色服装显现浅色斑点，浅色服装显现深色斑点。

这类服装水洗后烘干时，若温度控制不当，则极易引发洗衣事故：温度过低，衣物不仅不易干透蓬松、恢复原状，而且在衣服的缉线缝合部位、拿省打褶处极易出现明显水痕；若温度过高，由于絮片薄膜性状发生变化，则极易造成服装收缩变形。

更有甚者，有些服装材料造成衣服洗后起泡，多色服装由色牢度不强造成衣服洗后搭色、串色等早已司空见惯的诸多问题，这需要当事双方或多方洽商解决。

织物服装的耐穿用期限和清洗、保养属于消费范畴的新学科，它涉及纺织、化工、制衣等诸多方面。随着人类物质生活、精神生活和文化生活的发展，服装的应用功能已由单一的遮体、保暖功能向追求实用、追求个性、追求时尚的装饰性功能发展。面对挑战，从事洗衣服务行业的朋友，只有在默默提供高效优质服务的同时，在发扬传统洗涤工艺技术的基础上，注意克服满足现状、墨守成规的陈旧观念，随时汲取有益的新技术、新工艺，发掘新材料，不断充实、完善和提高服装清洗、保养工艺操作技巧，努力把握科技发展的趋势，才能为洗衣服务业企业的发展、为维护自己的合法权益争得可贵的发言权。

二、织物染色牢度的影响

常见织物服装，大多用各种染料染成不同的色彩。然而，同一种纤维面料用不同的染料染色时，其染色牢度大不相同，即使是同一种染料，颜色不同，其染色牢度也存在极大差异。为了解释衣物清洗后可能出现的某些现象，减少和避免因衣物洗涤、保养而引发的纠纷和矛盾，作为洗衣业的从业人员，有必要熟悉、了解织物纤维和染色之间的关系。

一般情况下，鲜艳、娇嫩的颜色，其水洗牢度较差，例如艳红、翠蓝、碧绿、棕褐色等，而且颜色越深，各项牢度（耐洗牢度、耐日晒牢度、耐摩擦牢度等）越低；颜色越浅，其各项牢度则相对较高。

常见织物纤维与染色存在下列关系。

棉、麻等植物性纤维，若用直接染料染色，则其各项牢度均不太理想，尤其在湿处理条件下。这类织物若进行水洗，则不可避免地会出现较为明显的褪色现象。

织物用直接染料染色后，若经固色处理，则其各项牢度会有明显的改善和提高，但是，并不能彻底改变其脱色、褪色的现象。只不过颜色不同，其脱色、褪色的程度不同而已。

但是，直接染料染色方法简单，成本低廉，因此，广泛用于各种纤维面料的染色，如休闲服装面料、针织服装面料以及众多低档服装面料。

采用活性染料染色的纤维素纤维面料，其各项牢度均较直接染料染色的效果好，但也并非完全不脱色、褪色。由于其色彩鲜艳，广泛用于内衣、针织服装面料的染色。

采用还原染料染色的纤维素纤维面料，其各项坚度均属上乘。但还原染料染色工艺复杂，技术要求较高，所以染色成本较采用其他染料染色的明显昂贵。还原染料广泛用于中高档服装面料染色，如高档休闲服装、条格等花纹面料。

丝纤维和毛纤维等蛋白质纤维面料，大多采用直接染料和酸性染料，其各项牢度一般都不太理想，因此，洗涤操作时应格外小心，尤其是真丝制品。有些毛纤维采用酸性混合染料染色，这类织物染色牢度较高，相比之下，其色彩却不太鲜艳。

合成纤维中，涤纶纤维织物多采用分散染料染色。此类染料上染率高，色牢度好，一般不易脱色、褪色。

锦纶纤维多采用直接染料、酸性染料（当然也有些高档产品采用分散染料），因此，常见锦纶纤维制品中，某些产品存在脱色、褪色现象。

广受人民大众喜爱的腈纶纤维织物，由于一般多采用阳离子染料染色，因此，其制品不仅色彩鲜艳，而且色牢度好，轻易不会产生脱色、褪色现象。

混纺织物是由常见纺织纤维面料中的两种或两种以上混合后纺纱制成的织物。混纺织物不仅在外观和性能方面与纯纺织物不同，而且参与混纺的各种纤维所适应的染料也有所区别，因此，混纺织物的染色牢度存在着极大的差异。特别是多色服装，容易产生渗色、串色以及较暗颜色沾染鲜艳颜色、深色搭染浅色等色泽方面的问题。

三、洗涤条件的影响

尽管引发洗衣事故的原因是多方面的，但认真分析起来，却始终与起洗涤作用的各种因素密切相关。接下来就衣物手工水洗时可能引发洗衣事故的各种因素进行简单分析。

1. 洗涤用水

硬水在洗涤过程中，不仅会减弱洗涤剂的去污作用，还可能由于水中的钙、镁等金属离子与洗涤剂结合生成某种化合物，沉积在织物上造成织物手感变差、光泽晦暗、色彩淡哑，特别是容易造成深色真丝织物色花、色绺。

自然界中没有现成的软水。要想把硬水变成软水，就需要对硬水进行软化处理，其手段被称为软化法。常见的水质软化法有多种，最简单的是加热煮沸法和化学法。

加热煮沸法即把硬水加热煮沸后冷却，加热至某个温度（有资料介绍，一般为65℃左右）后水中的杂质产生沉淀，水质则相对变软。

化学法是简单、实用的硬水软化法，即在硬水中加入某些能使水质变软的化学药剂，如磷酸三钠、六偏磷酸钠、EDTA-2Na、4A沸石、层状硅酸钠、聚丙烯酸钠等。这些化学药剂与硬水中的钙、镁离子发生化学反应，或生成沉淀物，或将它们封闭起来，从而把硬水变成软水。

化学法制取软水比较简单，不需要专门的软水设备，经济实用，具有优良的水质软化效果。相比之下，经磷酸三钠等制成的软水，pH值较高，不适宜处理丝、毛等动物性纤维织物。而经六偏磷酸钠处理过的软水，pH值接近中性，不伤衣料，比较理想，和其他化学药剂相比，价格也比较便宜，但大量使用时应考虑其可能造成的水体过肥问题。

六偏磷酸钠的用量，视水质软、硬状况，一般按0.01% ～ 0.02%的比例加入水中即可满足要求。

水质的软、硬可通过简单的实验进行鉴别。将水倒入试管中，加入少量配好的透明肥皂水或洗涤剂溶液，边加入边摇荡。如果水溶液清晰，而且生成的泡沫在静止几分钟后不消失，则可认为水质较软；若水质变混浊，而且经摇荡生成的泡沫迅速消失，则可认为水质较硬。

因此，手工清洗各类衣物时，应首选软水。若无软水，则可在水中添加软水剂，如EDTA-2Na、六偏磷酸钠等，添加量一般为0.1 ～ 0.3g/L。

2. 洗涤剂

织物纤维的种类不同，其耐酸、耐碱性能存在极大差异。丝、毛等动物性纤维耐弱酸而不耐碱。毛纤维在不加热的稀酸中不会被破坏，但在5%左右的苛性钠溶液中，煮沸几分钟，即可使羊毛溶解，由此可见碱对毛纤维的负面影响多么显著；丝织物对低温、稀碱溶液虽不及羊毛那么敏感，但碱性条件下会使得丝织物的光泽和手感变差。正因为如此，手工清洗丝、毛等纤维织物时，应选用中性洗涤材料。不仅如此，清洗某些色牢度不强的衣物时，甚至洗涤液的浓度过大、温度过高也会对衣物的脱色、褪色起到明显的推波助澜作用。

3. 洗涤温度

毋庸置疑，适当提高洗涤液温度，将有助于衣物污垢的去除；然而洗涤液温度提高后，也会加快某些色牢度不强衣物脱色、褪色的速度，同样对洗涤效果不利。所以，手工清洗某些色牢度不强的衣物时，应尽可能采用低温洗涤。

4. 洗涤时间

众所周知，污染严重的衣物，适当延长洗涤液浸泡及洗涤时间，可提高衣物的清洗效果。但是，对于色牢度不强的衣物，尤其是深色真丝制品，不宜将其在洗涤液中长时间浸泡、清洗。相反，这类织物一旦润湿，应立即进行清洗、投水漂洗和后处理。否则，极易产生脱色、褪色或色花、色绺事故。

5. 物理作用

衣物洗涤时的物理作用，指在衣物洗涤过程中施加的刷洗、揉搓、拎涮，洗涤液在织物纤维之间的反复穿插流动，以及某些织物在洗衣机滚筒内翻动、搅拌、摔打等各种物理因素的综合作用。

这些物理因素的综合作用，无疑会对衣物污垢的去除大有好处，但是，也绝不能忽略过强物理作用可能造成的不良后果。例如，色牢度不强衣物（尤其真丝）的脱色、褪色，毛衣、羊毛衫等衣物的"赶毡"、变形，绒类织物的倒绒、掉毛，衣物上饰物、饰片的破损、丢失，金属丝纤维的折断，透水性差（尤其带涂层）衣物的起泡、破损等。

所以，衣物的质料不同，款式不同，污染程度不同，染色牢度不同，洗涤、投水漂洗以及脱水甩干时应该采用的操作方式不同，以便对衣物施加不同的物理作用。

例如，容易出现色泽方面事故的真丝制品，衣物的重点部位要用软毛刷轻拍、少刷（必要时在衣物的反面轻刷）；不宜强力洗涤的衣物，如丝制品，应在低温和浓度适宜的洗涤液中双手拎涮；针织品应在洗涤液中大把轻揉，双手挤攥、抓揉按摩，不能用力揉搓，更不能拧绞；带绒的衣物水洗时，为防止织物挤压绒毛倒伏，浸泡时宜加大水量，刷洗时要顺着绒的纹路刷，也不能用力揉搓，不能拧绞；多色衣物、易脱色衣物应边冲水边轻刷，以防衣物脱色、渗色、串色；人造革衣物一般不宜用水浸泡，人造革和经防水处理的衣物，不仅不能机洗，也不能揉搓、拧绞，只能用软毛刷轻刷；而污染较重的羽绒服、防寒服等，不仅要用软毛刷整体刷遍，不能漏刷，而且刷洗过后还需要机洗，以确保洗涤效果。

各类织物投水漂洗时，物理作用可能产生的负面效应也不能低估。为防止轻薄、吸水量大的衣物破损、变形，不仅浴比要大，而且投水漂洗时应在水中拎涮，双手挤攥，大把轻揉或挤压；从漂洗液中取出时，应双手托住，不能拧绞，只能轻轻挤出水分。

经防水处理的尼龙绸等衣物，透水性较差，为避免出现破损或皱褶，投水漂洗时，宜双手攥住两肩在大浴比的漂洗水中上下拎涮，不能揉搓、挤压。

织物脱水时可能产生的负面效应同样不能小视。为防止人造革、带涂层的衣物出现死褶，上述衣物只能用洁净干毛巾揩干，不能甩干；为防止轻薄、易损衣物变形、损坏，需用洁净毛巾被将其包裹好再甩干；真丝衣物不宜强力甩干，为避免可能出现的色花、色绺，应轻柔甩干或双手轻轻挤攥排除水分，用衣架挂起，阴凉、通风处晾干。

织物脱水时，不仅可能引起衣物的物理性损坏，还可能导致出现色泽方面的事故。例如，当使用脱水机对色牢度不强的深色衣物进行脱水处理后，若不对脱水机及时进行清洁处理（冲洗），马上又利用该脱水机对其他衣物进行脱水处理，则极易引起衣物搭色。

除此之外，衣物手工水洗时，还应考虑衣物晾晒时重力悬垂作用引发的衣物变形，以及强烈光照可能带来的对色泽的不利影响。

6. 后处理

水洗时的后处理包括过酸中和、柔软抗静电处理和增白处理等多项内容。

投水漂洗后的衣物经过酸中和处理，不仅可以去除吸附性较强衣物中残存的洗涤剂，防止衣物干燥后出现水痕，还可对色牢度不强的真丝织物起到一定的固色、增艳作用，避免出现色花、色绺。此外，需进行柔软抗静电处理的毛织物，过酸中和处理能使其柔软效果更为突出。

某些衣物洗后需要进行漂白处理时，万万不可千篇一律。一旦漂白材料选择不当或工艺操作不合理，不仅会使前期的努力功亏一篑，还可能面临顾客的索赔、投诉。因此，人们应根据衣物的质料，认真进行漂白材料的选用，确定合理的漂白操作工艺。

衣物水洗时的后处理，除了过酸中和、柔软抗静电处理和增白处理等内容外，还应包括某些透水性差衣物在晾晒过程中进行的辅助处理操作。

为尽可能减少衣物中残存的洗涤剂，吸附性强（尤其带絮填物）的衣物，不仅清洗过后需进行脱水处理，而且每投水漂洗一次，也要进行脱水处理。然而由于带涂层衣物等的透水性差，为防止脱水甩干时上述织物出现褶皱、破损，其一般又不宜进行脱水处理，所以在清洗处理过程中，尽管经过过酸处理，衣物中仍免不了残存一定量的洗涤剂。以至于这类衣物晾干之后，衣物上经常出现因洗涤剂残留造成的水痕。

因此，这类衣物晾晒过程中，当上部接近潮干、而下部仍然湿漉漉的时候，应使用蘸有冰醋酸稀释液的洁净、潮湿的毛巾，在衣物的干、湿分界线附近反复轻轻揩擦。实践证明，这种处理方式可大大减少衣物出现水痕的可能。

第二节　衣物常见色泽事故的非复染处理方法

各类衣物在穿着、使用或清洗、护理过程中，有时会出现一些意想不到的问题。

其一是衣物结构方面的问题。例如，人造革及带涂层衣物上出现的难以恢复的褶皱、变形、破损；绒类衣物上出现的绒毛脱落、倒绒；带金属丝衣物上的金属纤维折断；带饰物、饰片衣物上饰物、饰片的破损、丢失；毛衣、羊毛衫类衣物上出现的"赶毡"、缩水；真丝织物上出现的刮丝、并丝等。此外，某些衣物清洗、护理后，还容易起泡、起球，个别部位出现极光等现象。

其二是色泽方面的事故，例如色花、色绺、渗色（洇色）、脱色、褪色、搭色、串色，以及由化工材料选择不当或操作失误造成的"咬色"等。

尽管导致这些问题产生的原因是多方面的，但是，出现事故的衣物，尤其是出现色泽事故的衣物，"穿着可气，弃之可惜"。因此，需采用适宜的方法，对各类出现色泽事故的衣物进行特殊的去渍处理或复染救治。

接下来首先探讨一下不同色泽事故衣物的不同状况。

一、衣物常见色泽事故

常见衣物色泽事故一般有以下几种。

色花，指衣物某些部位颜色变浅，且变浅部位的颜色呈不规则状态。这种状况在深色衣物上较为明显。

色绺，指衣物上出现的一种既似花又非花的条状；或不规则白色，或浅于衣物本身颜色的印痕。

渗（洇）色，指衣物的颜色反差较大，其深色部位的颜色顺边缘向浅色部位扩散而形成的色斑。

串色，指多色衣物上的颜色相互渗透，由衣物自身颜色造成的污染。

搭色，一般指外来颜色对本件衣物造成的污染，当然，衣物自身颜色也可能造成颜色污染。

"咬色"，一般指织物受化学物质的影响，致使衣物局部失去颜色，浅于主色。

褪色（涮色），这类色泽方面的问题，大多是由织物长期经受风吹日晒，从而造成衣物的某些部位产生色差。应该说，涮色不属于洗涤事故。

此外，某些带絮填物的衣物，由于渗透吸附性较强，还易因洗涤剂残留导致衣物晾晒后出现水痕，从而影响衣物靓丽、均匀、有条理的色泽。

二、色泽事故处理方法

已知，衣物清洗后出现的搭色、串色、色花、色绺等不良现象，不是衣物在穿着、使用过程中形成的，而是衣物在清洗、保养过程中，或由清洗材料选用不合理，或由清洗、护理作处理不当，从而造成的织物清洗、保养后出现的色泽或色光方面的事故。

考虑到衣物复染救治工艺操作较为复杂，因此，建议首先按衣物"特殊污渍"的去除操作方法实施救治。

衣物特殊污渍——色泽事故的处理，一般常通过剥色或吊色的方法解决。

剥色，即利用洗衣业常用的肥皂、保险粉、双氧水、次氯酸钠等化学物质，通过乳化、氧化、还原等物理化学作用，把污染的色渍剥离下来，常用于搭色、串色织物的事故处理。

吊色，即某些织物褪色不均匀时，产生明显的色花、色绺，经吊色处理后整件衣物基本恢复原有的色泽，保持均匀一致。

（1）搭色、串色的事故处理　色牢度较强的染料一般不易脱色，只有色牢度较差的染料才容易出现脱色问题。因此可以利用剥色的方法，把衣物上沾染的色牢度不强的色渍剥离下来。然而由于织物质料不同，搭色、串色污染程度不同，采用的方法亦应有所区别。

白色织物的搭色、串色事故较为容易处理，由于织物本身为白色，所以采用双氧水、次氯酸钠等氧化剂对衣物进行漂白处理，即可达到剥色目的。需要指出的是，毛、丝、尼龙或弹性纤维织物以及带色织物等，不能使用pH值较高的次氯酸钠进行漂白处理，而应采用双氧水或过氧化物水溶液。

颜色浅淡带色织物的搭色、串色事故，既可采用低温、低浓度的双氧水进行剥色处理，也可采用低温、低浓度的保险粉溶液进行还原漂白处理。将1%左右的保险粉用温水化开溶解，加到适量的30～40℃温水中稀释（保险粉含量1%左右）。

待剥色织物用水泡透、挤干，先将织物搭色、串色部位浸入保险粉溶液中，适当拎涮后取出，检查所搭色渍去除情况。待所搭色渍基本去除后，再将整件织物浸入稀释的保险粉溶液中拎涮几次，以确保整件衣物色泽均匀一致。然后，将在保险粉溶液中拎洗的织物挤干，浸入清水中投水（1～2次），挤干后脱水、晾干。

颜色较深的带色织物，如果织物本身色牢度较好，可选用50～60℃适宜浓度的热肥皂液，采用乳化法剥色。

将泡透、挤干的搭色织物浸入热的皂液中，上下反复拎洗，操作时动作要快，干脆利落，既要在短时间内去掉污染的色渍，又要尽量减少织物本身的脱色。将剥色后的织物挤干，浸入40℃左右温水中漂洗两次，再投冷水一次，挤干，脱水。毛及毛混纺织物还必须在脱水后用2%左右的冰醋酸溶液进行中和处理。

应该指出的是，织物干洗时，也有可能出现搭色、串色事故。干洗过程中，若发现干洗溶剂变色，则极有可能是某件色牢度不强的织物掉色。此时应立即停止干洗，排液之后不要进行脱液，取出掉色织物，从新加入蒸馏过的清洁溶剂继续干洗1～2遍，以避免出现搭色事故。

（2）色花色缩的事故处理　真丝制品和个别毛纤维织物清洗时易出现色花、色缩事故。这固然与织物的色牢度有关，但也与这类织物清洗时所选用的清洗材料、清洗操作工艺、特别是清洗时所用水质有关。

理论和实践均已证明，使用肥皂在硬水中清洗衣物时，硬水中的钙、镁离子会与肥皂结合生成钙、镁皂。钙、镁皂既有一定黏性又不溶于水，一旦接触衣物后则很难去除干净。毛巾用久变黄、发硬即明显的例证（当然也有其他因素的影响）。因此，要解决织物的色花、色缩问题，应优先解决清洗用水的水质问题。

钙、镁皂垢形成的色花、色缩，通常用软水中加入适量中性洗涤剂的方法清洗，清洗、投水后再通过过酸处理（冰醋酸含量为1%～2%），一般即可取得较为满意的效果。

如果由洗涤操作方法不当，致使衣物上出现色花、色缩，可采用色泽恢复剂，根据衣物色花、色缩状况，适当稀释或不稀释，利用喷涂的方法，对衣物实施多次轻喷。

较为明显的色花、色缩，则应采用吊色的方法。将平平加用热水溶解后（通常取3%～5%，视色花、色缩状况适当调整用量），加入到适量的50～60℃的温水中稀释，同时设法使平平加溶液保持恒温。出现色花、色缩的织物清洗、去皂垢并投水后，轻轻挤干，面朝内、里朝外放入恒温的平平加溶液中，不断搅动织物且注意观察溶液温度和色泽的变化。

经过一段时间以后（温度较高，则时间较短，如70～80℃时，时间在0.5h左右；温度较低时，则要延长时间，如40～50℃时，处理时间约需2～3h），由于平平加有乳化、净洗、匀染和剥色作用，故织物上的染料会逐渐脱落，进而溶解到平平加溶液中。

在织物处理过程中，衣物面料要始终浸入溶液，以保证织物色泽均匀。待整件织物色泽完全均匀后，将织物从平平加溶液中捞出、挤干、轻轻脱水。

由于含有从色缩织物上剥离下来的染料，故剥色用的平平加溶液不能倒掉，而且视其溶液量的多少，加入5%左右的冰醋酸，搅匀后，再将脱水甩干后的待处理织物重新放入已加酸的、含有染料的平平加溶液中吊色，温度保持在50～60℃。由于丝、毛等动物性纤维多为酸性染料加工而成，且酸性染料在酸性介质中具有聚集的倾向，利于染料分子在纤维上的吸附和沉积，所以，平平加溶液中加入冰醋酸后，会促使溶液中褪下来的染料缓慢而均匀地吸附到织物纤维上（促染作用），使织物恢复原来的色调。

待溶液中的染料被基本吸收完毕，将衣物从溶液中捞出、挤干，另备适量20～30℃左右清水，加入5%左右冰醋酸，将吊色后的织物置入冰醋酸溶液，使吸附到织物纤维上的染料与纤维结合得更牢固，以达到固色的目的，时间一般为5～10min。

固色后的织物，应在清水中投洗1～2遍，以去除浮色。投水后的织物，挤干后轻轻脱水、甩干，衣里朝外晾起，自然风干。

应该承认的是，一般的色花、色绺织物经上述处理后，除颜色可能稍显浅淡一些外，效果还是比较理想的。然而较为严重的色花、色绺，除了要考虑清洗可能造成的因素外，还应考虑织物在穿用过程中已经形成的颜色不均匀现象。因此，织物用软水清洗去皂垢后，仅用平平加和醋酸剥色、吊色已不足以确保整件织物色调均匀一致。这时必须采用保险粉溶液剥色法，先使整件织物的色泽趋于均匀、一致，然后用相适宜的染料复染着色，才能取得较为理想的效果。

（3）丝织物常见"特殊污渍"的处理及洗涤注意事项　真丝织物轻柔、光滑，颜色丰富多彩，光泽自然、柔和，穿着飘逸、潇洒，是服装材料中的上品。但真丝织物普遍存在着色牢度较差的缺陷，其耐光性能，也是天然纤维织物中最差的——日晒200h后其强度下降50%。真丝织物的这些不足，应在收活时视顾客衣物状况恰如其分地向顾客交代清楚，以免日后在顾客取衣时引发不必要的麻烦。

丝织品清洗过程中产生的特殊污渍不仅会涉及色泽问题，其光泽也会受到不同程度的影响。因此，处理丝织品特殊污渍时，不仅要考虑搭色、串色、色花、色绺问题，同时还要尽可能恢复其原有光泽，以获得最佳效果。

颜色较深的丝织品，清洗过程中多种原因极易导致出现白霜，如藏蓝、墨绿、砖红、玫瑰紫、咖啡色等颜色的真丝织物，洗后整件衣物灰蒙蒙的，不仅不清爽、不透亮，而且个别织物上还会出现由光泽不一造成的颜色深一片、浅一片的现象。这种现象的发生，既有洗涤时工艺操作方面的问题，也有可能是由清洗材料选用不合理。此外，还应考虑洗涤用水的水质问题。

众所周知，真丝制品洗涤时，局部不宜用力重刷，更不能强力揉搓，只宜轻揉涮洗。其清洗材料pH值不宜过高，一般应为中性或弱碱性。洗涤用水不宜过硬，且漂洗后应过酸处理。基于这几方面因素，为解决深色丝织物的上述事故，应在织物返洗时，先考虑选用软水，其次选用去污力强但pH值适中的清洗材料，大把轻揉，反复拎涮，洗后轻轻挤干，漂洗后过酸处理，一般即可取得较为满意的效果。

轻度色花、色绺的真丝织物经上述处理后，其事故现象虽有所减轻，但效果可能仍不尽人意。因此，还应采用色泽恢复剂再次进行处理，具体的操作方法如下。

根据织物色花、色绺严重程度，将色泽恢复剂适当加水稀释后轻喷（较明显者应多次轻喷）；或按2%～3%的比例，将恢复剂加入水中，搅匀后将整件事故衣物完全浸泡在色泽恢复剂稀释液内，适当翻动、搅拌，处理10min左右取出，轻轻挤掉水分，晾干。

根据相关资料，处理深色丝织品轻度色花、色绺时，可用浓茶水或冰糖、白及（中药）水溶液的稀释液进行浸泡，一般也可取得较为理想的效果。有兴趣的朋友不妨一试。

丝织品较为严重的色花、色绺，采用恢复剂显然不足以彻底解决问题。对于这类织物，通常先采用吊色法以恢复原有色泽、色光。若效果仍不理想，则只能将丝织品剥色，然后进行复染着色处理。剥色时既可选用平平加，也可选用保险粉溶液。相比之下，平平加溶液的剥色作用较为柔缓，而保险粉溶液的剥色作用显得较为快捷。

应该指出的是，无论采用哪种剥色材料，均应使剥色后整件衣物色泽保持均匀、一致，以免复染着色后仍显现颜色不匀的现象。

清洗丝织品时，考虑其色牢度较差，通常均单独处理，因此一般不易出现搭色、串色事故。然而多色丝织品衣物清洗时，为避免出现搭色、串色事故，可采用防串色剂对其进行处理。

防串色剂，实际上是一种特制的阳离子固色剂。用水稀释后，将待处理丝织品完全浸没在其中，适当翻动、搅拌，处理10min左右取出，轻轻挤掉水分，适当脱水或不脱水。

丝织品的防串色处理可在清洗处理后进行，一般均能取得较为满意的效果。若无防串色剂，则可将水洗后的丝织品浸入含有醋酸或白醋的溶液中处理一段时间（20～30min），也能起到一定的防脱色、串色作用。

对于较为明显的褪色（滧色）、咬色等色泽事故，上述方法显然不能使衣物色泽恢复至较为理想的状态，因此，必须采用复染救治的方法。

第三节　防止衣物出现色泽事故的主要措施

一、认真进行收活检查

洗衣门店营业过程中，营业员的收活工作看似简单，实则具有丰富的内涵。正像本书前文所述，若营业员在收活时稍有疏忽，或检查出现纰漏，或未向顾客交代清楚，或未在收活票据上注明，一旦出现意外，轻则招致顾客的不满、抱怨，重则引发不愉快的冲突，这会对洗衣店的正常运营产生十分不利的影响。因此，作为洗衣店的营业员，应牢记洗衣门店老营业员们总结的几句话："顾客来洗衣，检查要仔细，如何洗和烫，效果当面讲，花、绺、残、蛀、破，千万别放过，票面要写清，避免出纷争。"

1. 营业人员收活检查时应关注的重要问题

① 衣物保存、穿用过程中容易出现的问题：虫蛀、破损、开线、磨烊、挫伤、极光、色花、色绺、褪色等。

② 衣物受污渍、污垢污染的状况：陈旧性污渍、霉斑、腐蚀斑、烧蚀斑等。

③ 纽扣：是否齐全，牢固程度，同时要考虑干洗溶剂对包扣、塑料扣、骨扣、木扣、金属扣、复合扣等可能产生的不良影响。

④ 配件及饰物、饰片：有些衣物配有腰带、帽子、肩带、袖带等，收活检查时应核查配件是否齐全，同时考虑干洗溶剂以及干洗操作对饰物、饰片可能带

来的不良影响。

⑤ 拉锁：某些衣物重要的部件之一，营业员收活时一定要注意检查其开闭状况，并做好记录，以免日后在顾客取活时引发不快。

⑥ 口袋：营业员当着顾客的面掏袋有两方面益处，其一，体现洗衣店周到、细致的服务，其二，借机检查可能存在的隐患。

2. 营业员收活检查时应该向顾客声明的几个问题

各种质料的衣物在清洗（干洗、水洗）、熨烫以及护理的操作过程中，总会受到水、药剂、温度、清洗剂和各种物理机械作用，免不了出现这样那样的状况。因此，营业员在和顾客沟通交流时，有必要向顾客交代清楚。

① 特殊质料衣物可能出现的问题：人造革、带涂层衣物可能会出现褶皱且不易熨平。

② 特殊风格衣物：绒类织物可能会掉绒、倒绒，多色织物可能会出现渗色。

③ 特殊结构衣物：带松紧口的衣物，其袖口、下摆等处的松紧布可能会松懈；带配块、镶条的衣物，其配块、镶条可能会引起渗色、搭色。

④ 陈旧性污渍可能去除不太彻底。

⑤ 纯毛围巾、羊毛衫、羊绒衫等织物遭轻微虫蛀时，清洗后可能会显露孔洞。

⑥ 由于染色牢度的问题，真丝制品上的污渍不太容易去除干净，如真丝领带、领结处的污垢，干洗后可能不太洁净、清爽，水洗可能导致领带脱色变形。

⑦ 某些纯毛地毯因使用时间过长，年代久远，包边易碎裂；受潮霉变会脱毛、掉毛；强度下降，大片糟烂；多色地毯可能会出现搭色、串色、渗色现象。

⑧ 某些丝、棉防寒制品，洗后丝、棉易滚团。

⑨ 某些西装的垫肩、里衬对干洗溶剂的适应性差，干洗后垫肩可能拢缩，衣服可能会因为里衬脱胶起泡。

⑩ 某些老旧裘皮制品洗后可能会出现皮板开线、碎裂或轻微缩水、变形等状况。

最简单的办法就是营业员在收活时，提醒顾客阅读一下洗衣店的"友情提示"和"顾客须知"。洗衣店的友情提示可参照下列内容公示。

友情提示

尊敬的顾客朋友，欢迎您光临本洗衣店！

为了感谢您对本店的信任与惠顾，我们会精心呵护您的每件衣物。

由于衣物原辅材料的多样性，不同纺织纤维染色牢度的局限性，衣物上沾染污渍、污垢的复杂性，我们有时也会遇到目前国际洗衣技术都无法有效解决的问题。因此，请您在洗衣之前，耐心阅读本店的友情提示。

① 衣物的清洗、保养不仅取决于洗衣技术，也与衣物的自身性能、染色牢度以及其上沾染的污渍、污垢种类，性质等多种因素有关。而且，衣物穿着、使用时，由于磨损，光照，污渍、污垢的侵蚀，以及各种气候条件的作用，其强度、色泽、光泽等都会发生不同程度的褪变。因此，您应理解"穿用—沾污—清洗、保养—再穿用—再沾污—再清洗、保养"是一个会使衣物渐趋陈旧的动态过程，不能期望所有衣物经清洗、护理后永远像新的一样。

② 衣物上沾染的污渍、污垢，我们会尽最大努力去除。但是，我们要以不损坏衣物的质料、色泽为前提，以保证您能继续穿用。因此，若出现污渍未能去除干净的问题，敬请谅解。而且，由于不同织物染色牢度的差异，有些质料的衣物去渍后，会出现颜色变浅、色泽或光泽泛花、发绺等情况，这些应属正常现象，也请您予以理解。

③ 本店营业员收活时，会耐心倾听您的每项意见和要求。但衣物上原有的霉变、织物虫蛀后，形成的微小孔洞、衣物穿用时不经意的划痕、磨烊、破损、开线等，会在衣物清洗、保养后，使颜色变浅或原有状况变得更加明显，这绝非本店不负责任的恶意所为，不应属于质量事故。

④ 纺织品新材料、新工艺的出现，服装高档化、时尚化的发展趋势，都对洗衣业提出了新的挑战。但是，衣物主辅材料的选择、搭配及其加工制造工艺等为衣物穿用后的清洗、保养带来的难题，如黏合衬开胶、起泡，防寒服絮片缩皱、变形，羽绒服面料涂层磨损、脱落造成的露绒根、现底（浅色衣物局部颜色变深），反差极大的多色服装搭色、渗色等，都是洗衣业目前无法解决的。还有诸如衣物上的饰物和饰片零散、过多，配饰图案用料复杂、色彩鲜艳多变，以及衣物本身已出现起泡、微小缩变、色花、色绺等现象，都将增加洗衣效果的不确定性。诸如此类的问题，衷心希望得到您的理解与支持。

⑤ 当您的衣物上有人造革镶边、配块，或者属于带涂层面料、带金属丝面料、静电植绒面料时，为保护您的衣物款式、造型及质料，我们将采用单件水洗的处理方式，不会影响衣物质料及穿用。若我们的建议与您衣物上的洗涤标识相悖，望您听取我们的意见。否则，我们需要在收活票据上注明"后果自负"。

⑥ 当您的衣物十分贵重时，望您和本店签订保值洗涤协议，保值洗涤费用为双方认可价值的（　　）%。

⑦ 当您来本店取衣时，请您仔细检查衣物洗熨质量。发现不尽人意之处时，请当即告知店员处理并请其做好记录，以免您离店后发生问题引起不快。

⑧ 由本店操作不当致使衣物受损不能穿用时，本店除真诚向您致歉外，还将遵照洗衣协会相关规定予以赔偿。

色泽事故衣物复染救治前，顾客的期望值一般均比较高，让顾客了解一些事故衣物复染救治可能出现的后果，显得更为重要。

顾客须知

各种质料的色泽事故衣物在复染救治过程中，总会受到水和酸、碱、盐等化工材料以及染料、染色助剂、温度和各种物理机械作用，免不了会出现这样那样的状况。而且，衣物的复染救治，本身存在一定的难度，尽管我们本着"全心全意为顾客服务"的宗旨，认真对待每一件待复染救治的衣物，然而，某些意想不到的问题仍会出现。因此，我们发表如下"友情提示"。

特殊结构衣物：带松紧口的衣物，其袖口、下摆等处的松紧布可能会松懈；带配块、镶条的衣物，其配块、镶条可能会引起颜色变化。

陈旧性污渍及顽渍可能由于不易彻底去除而影响复染效果，浅色衣物的腋窝、衣领、背部容易出现汗渍造成的痕迹。

纯毛围巾、羊毛衫、羊绒衫等织物遭轻微虫蛀时，复染后可能会显露孔洞。

某些西装的垫肩、里衬对衣物复染救治时的操作条件适应性差，复染救治后垫肩可能会出现轻微拢缩，衣服可能会因为里衬脱胶起泡。

带有饰物、饰片衣物上的亮珠、亮球、亮片等，在复染救治后可能会出现变形、翘起。

某些衣物，或身、领为两个颜色，或带有贴边、绣花镶边，其复染时，均会因受到影响而不能完全恢复原状。

中高档衣物、品牌服装，其翻领上常常带有一圈或是色织装饰条，或是刺绣文字、图案，这些部位复染前处理（剥色）时变色，染色时颜色受影响。

衣物复染救治时，某些衣物的缝线、金属线以及包边等处可能染不上颜色。

丝纤维、毛纤维经氯漂液腐蚀后，纤维组织结构受损，原有色泽发生变异，染色不均匀，浅颜色盖不住，只能上染中等色或深颜色遮盖。

采用还原染料染色的衣物，虽色牢度好，但清洗时若刷得太狠则会出现白道，复染时该处不上色，不易上染均匀。

采用靛蓝染料染色的牛仔裤，原色不易剥掉，故复染成原色的难度较大，只能染成较深颜色，且不易保存原来风格。

什色衣物复染救治后，衣物颜色与原色可能存在一定差异，不可能与原色完全一样。

丝纤维织物，莫代尔、莱赛尔纤维织物等深色织物磨损严重部位以及去渍擦伤部位会显露白霜，这类衣物复染救治后，其事故只能缓解而不能根除。

诸如此类的问题，绝非由我们工作人员复染救治技术造成，还望广大业内朋友给予理解。

为避免日后引发不快，凡需要我们提供复染救治服务的朋友，请您仔细阅读"友情提示"，以示理解和支持。

谢谢！

二、确定衣物清洗、护理操作工艺的依据

衣物的洗涤、护理操作是发生在织物、污垢和洗涤剂溶液之间的、复杂的相互作用。这种作用不仅依赖于所采用的洗涤剂和洗涤操作工艺，也与污垢的性质及污染状况，衣物的质料、结构、风格、色泽、染色牢度等诸多因素有关，这是确定衣物清洗、护理操作工艺的前提。

① 污垢的性质与污染状况。衣物的使用环境不同，应用状况不同，其上沾染的污垢种类和黏附状况也不尽相同。不言而喻，受脂性污垢污染的衣物，适宜采用干洗；受水性污垢污染的衣物，则适宜采用水洗。污染严重的衣物，不但要采用相适宜的清洗工艺，还需在清洗、护理前后采用专用去渍材料对衣物污染严

重部位进行相应的去渍处理。所以，衣物沾染污垢的状况，同样对清洗、护理操作工艺的选择具有举足轻重的制约作用。

② 织物的质料构成。常见衣物，其多孔性和大表面形成的高度复杂结构，使得它们不仅容易被污染，而且受污染后也不容易清洗干净。此外，棉、麻、真丝、羊毛、人造纤维、合成纤维等，其清洗时产生的变化存在着极大的差异。这是决定待洗衣物洗涤工艺（干洗和水洗）、洗涤剂以及熨烫操作选择的主要依据。

例如，人们日常生活中司空见惯的水洗，衣服种类不同，其选用的纤维材料不同，遇水后各种不同性质纤维强度及其物理性能的变化是不完全相同的。有的纤维遇水后抗拉强度下降：羊毛和桑丝纤维下降约14%，黏胶纤维下降高达53%。而有的纤维遇水后抗拉强度有所提高：棉纤维提高2%，麻纤维提高5%。此外，纤维被水润湿后，其伸缩性能变化也很大，例如桑蚕丝伸长46%，黏胶纤维伸长35%，麻纤维伸长22%，羊毛纤维伸长12%，只有棉纤维变化较小，仅伸长4%。因此，了解这些变化，掌握不同纤维质料遇水后性能变化的规律，是保证服装清洗、护理质量的基础。

③ 织物结构与风格。一般情况下，便装、休闲装适宜水洗，而具有造型要求的西装则适宜干洗。衬衫较防寒服、羽绒服便于清洗；而毛衣、羊毛衫的清洗、护理，要比纯棉T恤衫困难得多。

这是因为，衣物清洗、护理时，不仅要考虑服装面料各自的性能，而且要了解、掌握衣物清洗、护理对构成衣物必不可少的服装辅料（包括衬布、扣子、衬垫、拉锁及其他各种装饰物等）可能带来的负面影响。

由此可见，织物的结构与风格同样是决定织物洗涤工艺的主要依据。

④ 衣物色泽与染色牢度。随着市场经济的发展，人们消费观念的转变，无论生产者还是消费者，都变得十分实际。生产者利用廉价吸引消费者的眼球；消费者则希望用廉价获得美饰和时尚。而到了洗衣店，许多艳丽多彩、时尚美观的衣物、服装却成了烫手的山芋，脱色、褪色、搭色、串色现象屡见不鲜，频发的色泽事故，在"逼迫"洗衣业内朋友正确选择操作工艺和改进清洗、护理手段的同时，也应引起社会各界有识之士的反思：光靠洗衣业不能根治织物染色牢度差的缺憾。

三、合理进行工艺操作

（一）去渍注意事项

为了保证衣物的清洗、护理效果，通常在衣物清洗、护理之前，对衣物上的污渍进行去渍预处理。

污渍是污垢的特殊表现形式，衣物上难以用常用清洗材料和常规清洗手段去除的污垢统称为污渍。和衣物污垢一样，污渍种类不同，其与衣物的黏附形式和黏附强度不同，去渍时所用材料和工艺手段亦应有所区别。

污渍处理是洗衣服务业的重要课题。为实现安全、有效的去渍，必须正确识别衣物质料，恰如其分地判断污渍种类，有针对性地选择去渍材料，合理地运用各种去渍工艺、手段。除此之外，还应注意以下几方面的问题。

① 去渍效果如何，取决于去渍人员的专业知识和操作技巧。顾客要对自己造成的污渍负责，但有效地去除衣物上的污渍并保护好顾客的衣物则是去渍人员的责任。因此，去渍应在不破坏织物结构、不改变织物表面状态，并尽可能减少衣物脱色的前提下进行。

例如，棉、麻制品和醋酸纤维织物应慎用酸性去渍剂；丝、毛织物需慎用碱性去渍剂和含氯漂白剂；质料高档的丝、毛织物不可用力强刷或强擦，以免织物表面起毛或并丝；色牢度极差的真丝织物需慎重进行局部去渍，以免造成局部脱色。

② 去渍操作应由浅入深、由边缘向中间推进，一点一点地逐步去除，切不可操之过急，以免造成污渍扩散和二次污染。特别是去除某些色素渍时，切勿用水去除浮色。应先用适宜的去渍剂慢慢使污渍溶解，并配以棉球或毛巾吸附溶解的污渍。待吸附污渍的棉球和毛巾不着色时，再配以刷、揉、搓、刮等物理机械作用，以尽可能将污渍色底去除干净。

③ 氧化剂、还原剂是去渍时不可或缺的重要化学药剂，应用时需依据织物质料"对症下药"。若用法不当，则极易导致衣物质料和颜色受损。

④ 去渍过程中要适当控制去渍剂的浓度、操作温度和时间，尽力避免去渍材料可能对织物造成的损伤。污渍去除后，应尽量清洗干净，必要时可用淡酸或

淡碱溶液进行中和处理，以彻底去除残留在衣物上的去渍剂。

特别值得一提的是，出现色泽事故的衣物，大多数是由氧化剂、还原剂等化学药剂应用不当所引起的。因此，洗衣业的从业人员必须了解、掌握各种常用的、能起漂白作用的化学药剂的性能和应用方法。

a.次氯酸钠：有关其性能与应用等方面的问题，已经在本书相关章节做过讨论，故不再多论。

特别值得注意的是，次氯酸钠不能用于带色织物的氧化处理，更不能用于白色羊毛、丝纤维等动物性纤维织物的漂白。

而且，用次氯酸钠溶液对白色棉织物进行漂白处理后，要用清水漂洗几次，然后还必须用海波或大苏打（硫代硫酸钠）进行脱氯处理，以防织物中残存的次氯酸钠漂液腐蚀纤维，影响使用寿命。脱氯用海波的浓度一般可在0.15%～0.2%，在30～40℃温水中浸泡几分钟后，用清水漂洗干净即可。脱氯剂也可用0.1%亚硫酸氢钠或保险粉。

次氯酸钠在光和热的作用下会迅速分解，故贮存时应置于阴凉、干燥处，密闭避光。

b.双氧水：有关其性能与应用等方面的问题，已经在本书相关章节做过讨论，故不再多论。

去除衣物上的污渍时，双氧水可用于去除鞣酸渍、蛋白质渍、墨水染料渍、药渍及焦斑渍等污渍。使用浓度为0.2%～0.5%（有效氧2～5g/L）。

c.过硼酸钠：白色晶体或粉末，不溶于冷水，易溶于热水，水溶液呈碱性，活性氧含量在10%左右。过硼酸钠的作用类似于双氧水，然而只有在较高温度下（60℃以上），它的漂白作用才比较明显。过硼酸钠不影响动植物性纤维和合成纤维，是良好的洗涤漂白剂。

过硼酸钠溶于水后，不会立即分解，它缓慢地水解成硼砂、氢氧化钠和过氧化氢。其释氧缓慢，利于应用时的控制与操作。常用于白色裘皮和丝、毛纺织品的漂白及去渍处理。使用浓度为2%左右。

d.彩漂洗衣粉：有漂白、增艳的效果，它由含氧漂白剂与洗衣粉复配而成，具有去污力强、漂白力强、泡沫中等、易漂洗等特点，对皮肤无不良反应，对染色织物的损伤不明显，特别是对棉和化纤织物无损伤。能很好地去除色渍，奶渍，蔬菜、水果渍，茶渍，咖啡渍和各种饮料、食物汤汁构成的污渍。彩漂洗衣粉不仅是水洗彩色台布时的首选洗涤剂，也是去渍过程中不可或缺的重要材料。

e.保险粉：有关其性能与应用等方面的问题，已经在本书相关章节做过讨论，故不再多论。

作为一种还原漂白剂，保险粉的还原作用非常温和，在碱性溶液内有剥色和漂白作用，是洗衣服务业内去除色渍和漂白时经常采用的最重要的化工材料之一。常用浓度为1%～2%。

f.草酸：学名乙二酸，无色透明晶体或白色粉末。有毒！溶于水、乙醇、乙醚。用作还原剂和漂白剂，去除鞣酸、铁锈渍及墨水类污渍时效果较明显。由于具有毒性，用后应彻底漂洗衣物。此外，由于其较明显的还原漂白作用，故使用时应注意观察其对织物色牢度的影响。一般按1：15（重量比）配成稀溶液使用（浓度约为6%）。

值得指出的是，上述各种用于漂白的化工材料中，次氯酸钠、双氧水、过硼酸钠等属于常用氧化剂；而草酸、保险粉等属于常用还原剂。

漂白剂作用于污渍，其反应物或将污渍掩盖，或使污渍变为无色。氧化漂白和还原漂白是一对相反的反应。当一种漂白剂效果不理想时，用水冲洗后，可再用另一种漂白剂处理。一般情况下，氧化漂白比还原漂白的效果稳定、持久，经长时间与空气接触，还原漂白后织物易泛黄；但氧化漂白对羊毛有损伤，如过度氧化易使手感粗糙、强度下降。

用于衣物去渍时，氧化漂白多用于有机色素渍的去除，还原漂白则多用于无机色素渍的去除。

（二）干洗操作工艺

衣物干洗时，其工作程序如下：检查、分类—掏袋、验扣、称重—前处理—干洗—洗后验收（合格后再转送熨烫）。

1. 检查、分类

根据衣物质料、风格、色泽、污染程度等不同状况，将待干洗衣物适当分类。

衣物检查、分类过程中，下列衣物应慎重进行干洗。

① 羽绒服：由于干洗溶剂的脱脂作用，羽绒服中的羽绒会因干洗脱脂，因此，若羽绒服多次进行干洗，则使得羽绒易碎变成粉末，明显影响其保暖性能。

② 人造革、带涂层衣物：衣物的涂层材料中，大多含有增塑剂。干洗尤其四氯乙烯干洗过程中，增塑剂的溶解、流失，极易使衣物干洗之后发挺、变硬，产生明显变形，甚至不能继续穿用。

③ 绒类衣物：静电植绒使用的黏合剂，有时也会受干洗溶剂（尤其四氯乙烯）的腐蚀或溶解，造成织物的绒毛脱落，以至于绒类衣物不能继续穿用。

④ 带金属丝织物：干洗溶剂四氯乙烯对一般金属有明显的腐蚀作用。带金属丝类衣物干洗时，不仅会使金属丝失去原有的光泽，还会因四氯乙烯干洗时的巨大物理机械作用引起金属丝纤维折断，使这类衣物失去原有的质感。

⑤ 带饰物、饰片的衣物：干洗时，不仅要考虑干洗溶剂可能对饰物、饰片产生的腐蚀作用，还应考虑衣物干洗时，干洗机物理机械作用可能引起的饰物、饰片丢失、短缺以及破损等问题。

下列衣物干洗时，应在洗前采取必要措施，尽力避免可能产生的洗衣事故。

① 多色衣物、带配块衣物：极易引发色泽事故。干洗前必须仔细进行检查、鉴定，必要时将深色配块拆除。

② 毛衣、羊毛衫、领带：极易出现变形，干洗时应将其装入大小适宜的网袋。

③ 某些衣物的垫肩、里衬对四氯乙烯相当敏感，经试验检测，如有必要需将垫肩拆除。

④ 某些纽扣，如包扣、骨扣、木扣、金属扣、复合扣等，应考虑四氯乙烯对其产生的负面影响，必要时应在干洗前拆除。

⑤ 某些已出现破损、开线的衣物，以及某些在干洗过程中易出现结构性变化的织物（如丝、棉被等），应在干洗前进行必要的加固处理，以免出现意外。

2. 掏袋、验扣、称重

掏袋，即将顾客可能遗留在兜袋中的钱币、钥匙等各种物品收集起来，另行妥善保管，以便日后交还给顾客；同时也可避免兜袋中的硬币、钥匙等落入干洗机中，影响干洗机的正常运转。此外，利用掏袋的机会，还可以抖落兜袋中的绒毛、灰尘，以免污染干洗溶剂，同时，进一步检查兜袋可能存在的破损隐患，防止日后顾客产生不快。

由于衣物上的纽扣不仅品种多种多样，而且缝制牢度也大不相同。为防止干洗时的物理机械作用对衣物纽扣可能造成的影响，有必要对有问题的纽扣进行检验并采取相应措施。否则，可能只因丢失一个特殊纽扣，而搞得干洗店"鸡犬不宁"。

为保证衣物干洗效果，干洗机的装载量应维持在某个范围内，既不能让干洗机在欠载状态下运行，也不宜让干洗机在超载状态下运行。因此，干洗前应对待干洗衣物进行称重，以确保适宜的干洗装载量。

干洗机的最佳装载量，一般为其额定容量的85%左右。

3. 前处理

为确保衣物干洗效果，干洗前，应利用软毛刷蘸取复配好的前处理剂，对待干洗织物的领口、袖口、肘部、前襟、下摆等部位实施拍、刷去污，进行必要的预处理。

衣物质料不同，风格不同，染色牢度不同，污染状况不同，实施干洗前处理的操作工艺也略有区别。例如，色牢度较好的衣物，可利用蘸取前处理剂的软毛刷轻刷、轻拍脏污之处；而某些色牢度不好的衣物，例如真丝织物、某些用染料染出来的高档皮衣等，为避免出现色差，应采用喷涂处理的方法。

4. 干洗

根据衣物的质料、色泽、污染状况，分别采用不同的干洗工艺。

四氯乙烯干洗时常用的工艺如下。

（1）"一浴"干洗操作工艺　适用于污染程度一般的衣物。其操作过程如下。

① 首先利用干洗前处理剂，对待干洗衣物重点部位（如领口、袖口、前襟、下摆、肘部等）的污渍、污垢进行洗前处理。

② 装衣关门（质料轻薄、针织衣物需装入网袋）。

③ 溶剂泵入滚筒，中等液位。

④ 开机洗涤，干洗时间视衣物质料、沾污程度而定（一般为5～6min）。

⑤ 排液，溶剂排入工作箱或蒸馏器。

⑥ 脱液，一般持续2～3min，溶剂排入工作箱或蒸馏器。

⑦ 烘干，脱臭。

（2）"二浴"干洗操作工艺　应该指出的是，衣物干洗时，规范的干洗操作应该是"二浴"干洗，特别是干洗某些污染程度较大的衣物时。其操作工艺如下。

① 利用干洗前处理剂，对待干洗衣物重点部位（如领口、袖口、前襟、下摆、肘部等）的污渍、污垢进行洗前处理。

② 打开干洗机的装载门，装入经过前处理的衣物（按照干洗机额定容量的85%左右），关好机门（质料轻薄、针织衣物需装入网袋）。

③ 将溶剂泵入滚筒，至中、高液位。打开滚筒和过滤器进、排液阀，开动滚筒和溶剂泵电机，"大循环"洗涤3～5min，干洗溶剂循环流通路线为：滚筒—溶剂泵—过滤器—滚筒。

注意：颜色浅淡、鲜艳、娇嫩的衣物应慎重进行过滤循环干洗。

④ 打开蒸馏器进液阀，关断过滤器进、排液阀，将滚筒内溶剂排入蒸馏器。

注意：蒸馏器注入溶剂时，请检查排污口的密封状况。

⑤ 待滚筒内溶剂基本排空后，接通高速脱液电机，中高速脱液甩干1min左右，也可以不进行脱液甩干。

⑥ 待滚筒停转后，关闭蒸馏器进油阀，打开滚筒进油阀，利用溶剂泵向滚筒添加清洁溶剂，至中高液位。

⑦ 打开滚筒排液阀和过滤器旁通阀，接通滚筒低速洗涤电机和溶剂泵电机，"小循环"清洗2～3min，干洗溶剂循环流通路线为：滚筒—溶剂泵—滚筒。

⑧ "二浴"清洗时间到，打开干洗机工作箱进油阀，关闭滚筒进油阀和过滤器旁通阀，将滚筒内溶剂排入干洗机的工作箱。

⑨ 待滚筒溶剂基本排空后，接通高速脱液电机，干洗机实施脱液甩干2min左右。

⑩ 脱液时间到，关断高速电机、溶剂泵电机，关闭滚筒排液阀和工作箱进油阀。

⑪烘干，脱臭。

（3）"小循环"干洗　适用于颜色浅淡、鲜艳的衣物。

"小循环"干洗即利用流动的溶剂对衣物进行冲洗，以提高衣物的干洗效果。其操作过程如下。

①装衣关门。

②溶剂泵入滚筒至高液位。

③"小循环"干洗：溶剂在溶剂泵的作用下，沿着"滚筒—纽扣捕集器—溶剂泵—滚筒"的路线运行，由于进入滚筒的溶剂处于流动状态，加大了衣物干洗时的物理作用，故有益于提高干洗效果。

④排液，溶剂排入工作箱或蒸馏器。

⑤脱液，溶剂排入工作箱或蒸馏器。

⑥烘干，脱臭。

（4）"大循环"干洗　适用于污染较重衣物。

"大循环"，即干洗溶剂经过过滤器进行循环。由于过滤器的过滤作用，进入滚筒的溶剂相对清洁，从而确保了衣物的干洗效果。其操作过程如下。

①装衣关门。

②溶剂泵入滚筒，至高液位。

③"大循环"干洗：溶剂在溶剂泵的作用下，沿着"滚筒—纽扣捕集器—溶剂泵—过滤器—滚筒"的路线运行，由于进入滚筒的溶剂经过过滤器的过滤作用，变得相对清洁，从而使干洗后的衣物更显洁净、清爽。

④排液，溶剂排入工作箱或蒸馏器。

⑤脱液，溶剂排入工作箱或蒸馏器。

⑥烘干，脱臭。

应该指出的是，上述各项干洗工艺操作并非是绝对的，既可独立应用，也可相互配合使用。例如，"一浴小循环干洗""一浴大循环干洗"等，以进一步提高衣物干洗效果。

5. 干洗机的烘干操作工艺

应该指出的是，经高速脱液的衣物应立即进行烘干处理，中间并不间断。只不过为说明烘干操作工艺，才人为地将其分成两个段落。

① 接通低速电机，滚筒按洗涤转速运转。

② 接通风扇电机，使滚筒内含有四氯乙烯的空气沿着以下路线循环：滚筒—绒毛捕集器—风机—烘干冷却器—烘干加温器—滚筒。

③ 接通制冷机组，以便回收循环气流中的四氯乙烯。

④ 接通烘干加温器，以便对进入滚筒的空气加温，烘干气流的温度一般设定为50℃左右。

现代干洗机由于采用制冷回收，烘干时间大幅度减少。根据制冷机组制冷量的不同，一般为20 ~ 30min。实际运行时，可从油水分离器观测窗观察烘干冷却器溶剂回收状况。当溶剂回收接近零时，可认为衣物烘干完毕。

⑤ 关断烘干加温器，打开干洗机排臭风门，此时机外空气进入滚筒，对衣物进行降温，则机内空气通过制冷机组后进入溶剂二次回收装置。

⑥ 当滚筒内空气温度降至接近环境温度时，即可关断所有运转部位。待滚筒停转后，打开机门，用洁净干毛巾擦拭机门后，从机内取出衣物。

6. 洗后验收

干洗时衣物上的油脂性污垢去除较为彻底，但水性污垢的去除效果却不太理想。因此，衣物洗后验收时，还需用小毛刷蘸水或用洁净、湿润的毛巾，对衣物上可能存在的水性污垢再次进行处理，以便确保衣物的干洗效果。

验收合格的衣物，用衣架挂起送往熨烫工序。

（三）水洗操作工艺

1. 检查、分类

各类衣物实施清洗处理前，要根据衣物色泽、沾污、染色牢度等各种状况，对待洗衣物适当进行分类，同时注意衣物上的厚重污渍以及纽扣、配件等是否和收活票据上的记录相一致。若有疑问，则应及时和顾客取得联系，以免日后产生不快。

衣物检查、分类过程中，下列衣物或采取必要措施，或单独进行处理，以尽力避免可能产生的洗衣事故。

① 羽绒服之类的防寒服：由于其污染一般较为严重，而且吸附性较强，为

确保水洗效果，除了需要认真进行前处理外，还应注意洗涤剂残留可能导致的水痕。

②人造革、带涂层衣物：其水洗过程中，最容易出现的问题是一旦出现褶皱就不易烫平恢复，此外，还需注意带涂层衣物由透水性差可能引起的破损。

③绒类衣物：其水洗过程中最容易出现倒绒掉毛，以致影响穿用。

④带金属丝织物：受多种因素的影响，金属丝纤维的韧性远不及纺织纤维，这类织物不能采用干洗、水洗时，最值得注意的问题是尽可能避免金属丝纤维折断。

⑤带饰物、饰片的衣物：水洗时，不仅要考虑该类衣物的水洗效果，还应考虑水洗时物理机械作用可能引起的饰物、饰片丢失和短缺问题。

⑥多色衣物、带配块衣物：其极易引发搭色、渗（洇）色等色泽事故，洗前必须仔细进行检查、鉴定，必要时需将深色配块（如皮配块）拆掉；此外，这类衣物晾晒时，必须采取相应措施，尽可能避免渗色（洇色）事故。

⑦毛衣、羊毛衫：其极易出现缩水、变形，水洗时，时除了应注意选择适宜的洗涤剂之外，还应适当控制揉、搓等物理作用可能产生的衣物缩水、变形等负面影响。

⑧真丝织物：红色、蓝色、绿色、咖啡色以及黑色真丝织物，最容易出现脱色、褪色、色花、色绺等色泽方面的洗衣事故。

某些已出现破损、开线的衣物，以及某些在水洗过程中易出现结构性变化的织物（如地毯的包边等），水洗前应进行必要的加固处理，以免扩大破损面积。

2. 去渍前处理、预洗

去渍前处理，即首先用相适宜的去渍剂或洗涤剂去除衣物上的污渍或厚重污垢，从而为确保衣物洗涤效果奠定基础。

润湿是洗涤去污的第一步，将已去渍前处理的待洗织物用常温水浸泡，这样既利于去污，又能防止洗涤液过分渗入织物纤维内部而不易投水漂洗干净。

3. 洗涤液浸泡

为确保织物清洗效果，将用水泡透并适当挤干的衣物置于洗涤液中浸泡。

衣物质料、结构、色牢度不同时，要选择的洗涤剂水溶液不同，并适当控制洗涤液温度、浓度及浸泡时间。尤其要注意以下问题。

① 真丝制品，多色织物以及易产生脱色、褪色衣物，应洗一件泡一件。

② 绒类织物吸水性强，为防止织物挤压绒毛倒伏，浴比（水量）宜加大。

③ 人造革衣物一般不宜浸泡。

4. 手工清洗

为保证洗涤效果，衣物手工水洗时，大多数均需进行手工刷洗。刷洗时，要选择平坦的洗衣板，衣物铺平，洗衣刷走平，用力均匀，即"三平一匀"。沾污部位用洗衣刷蘸洗涤液（剂）逐片、逐块认真刷洗，避免漏刷、重刷。

衣物的质料、污染状况和表面状态不同，刷洗时要区别对待，不能千篇一律。例如，带绒的衣物要顺着绒的纹路刷；丝、毛衣物重点部位用软毛刷轻拍、少刷（尤其真丝织物，只适宜拎涮）；多色衣物、易脱色衣物应边冲水边轻刷，以防衣物脱色、渗色、串色；不宜强力洗涤的衣物（如丝制品）应在水中拎涮，针织品应在洗涤液中大把轻揉，双手挤攥、抓揉按摩，不能用力揉搓，更不能拧绞；人造革衣物和经防水处理的衣物，不仅不能机洗，也不能揉搓、拧绞，只能用软毛刷轻刷；而污染较重的羽绒服、防寒服等，应该用软毛刷整体刷遍，不能漏刷。

5. 洗衣机水洗

除丝、毛纤维及其混纺衣物，不宜机器洗涤的人造革、带涂层织物以及带饰物和饰片等的衣物外，常见棉、麻、合成以及其他混纺衣物，特别是受污垢污染较为严重的羽绒服、防寒服等衣物，手工清洗后还需用洗衣机水洗（个别受污垢污染较为严重的羽绒服、防寒服等衣物，还需进行适当加温洗涤），以使污垢去除更为彻底，衣物色泽更加靓丽。

6. 脱水

为了尽可能脱除衣物中带有污垢的洗涤液，给投水漂洗奠定基础，衣物用洗涤液清洗后，常常先进行一次脱水。

衣物脱水时，为防止轻薄、易损衣物出现破损，需用洁净毛巾被将其包裹好再甩干；为避免某些带配块衣物在甩干过程中出现搭色，也需将颜色较深的配块包裹起来；不宜强力甩干的真丝织物等，应双手轻轻挤攥排除水分；人造革及带涂层的衣物等，则只能用洁净干毛巾揩干，不能甩干，以防出现死褶、破损。

实施衣物脱水时，为避免可能引起的衣物搭色问题，颜色浅淡、鲜艳的衣物脱水前，需用净水将脱水机冲洗干净。

7. 投水漂洗

实际操作时，视衣物色牢度情况，将脱水后的衣物放入清水中投水漂清2～3次。为防止衣物纤维遇冷收缩过快，影响投水漂洗效果，漂洗水温应逐步降低。此外还需注意以下问题。

① 机洗织物仍可用洗衣机投水漂洗；而轻薄、易损织物，吸水量大、易变形织物，漂洗时应双手挤攥，大把轻揉或挤压，从漂洗液中取出时，应双手托住，不能拧绞，只能轻轻挤出水分，以防衣物破损。

② 经防水处理的尼龙绸等衣物适宜双手攥住两肩在漂洗水中上下拎涮，不能揉搓或强力挤压。

③ 吸水量大的防寒服等衣物，投水漂洗时最好投水一次，甩干一次。

④ 丝、毛衣物以及羽绒防寒服等衣物，投水漂洗时最好使用软水。无软水时可在水中添加软水剂（EDTA-2Na或六偏磷酸钠等）。添加量一般为0.3～0.5g/L即可。

8. 后处理

为彻底清除衣物中可能残存的洗涤剂，使清洗后的衣物更加洁净、清爽，某些衣物经清洗投水后还需进行后处理。例如，丝、毛织物以及带絮填物的羽绒服等服装，投水漂清挤干水分之后，应在0.1%～0.2%醋酸溶液中浸泡几分钟（一般为5～8min），进行过酸中和处理，以防出现水痕。毛纤维织物进行过酸中和处理后才能使柔软抗静电处理效果更为突出。

毛衣、羊毛衫等衣物过酸中和后挤干水分，还应进行柔软抗静电处理。

白色衣物投水漂洗挤干水分之后，视需要进行漂白或荧光增白处理。

为避免带配块衣物可能出现的渗色（洇色），待其脱水甩干后，或利用吹风机，将颜色较深的衣物配块适当加温先行干燥；或在其周边均匀撒上干淀粉，用以吸附可能出现的渗色，待整件衣物干燥后，再用小毛刷将干淀粉去除干净。

9. 晾晒

衣物清洗、甩干后的晾晒虽是举手之劳，但处理得好，不但能提高衣物清洗、护理效果，同时还可给随后进行的衣物熨烫创造许多便利条件；相反，若处理不好，则会带来许多意想不到的麻烦。

众所周知，衣物质料不同，所用染料不同，其耐晒牢度存在极大差异。因此，水洗后的衣物一般在阴凉、通风处晾干而避免在阳光下暴晒，尤其是颜色较深的丝绸衣物。此外，由于水洗衣物熨烫难度较大，因此，为防止衣物变形，尽可能为衣物熨烫创造条件，水洗衣物晾晒时，一般均需适当进行手工整理，抻平各部位，衣里朝外，衣架挂起，阴凉处风干。

轻薄、易损衣物用洁净浴巾包好甩干后，抻平各部位，衣架挂起、晾干。

不宜甩干的衣物（特殊处理的衣物）轻轻挤攥，带水用衣架挂起、控干。

人造革衣物投水干净后，用洁净干毛巾揩擦里、面，衣架挂起、晾干。

经防水处理的衣物，不能强行挤干、拧干，更不能甩干，以防出现死褶。只能用洁净干毛巾揩擦衣物里、面后，衣架挂起、晾干。待衣物晾至半干后取下，用洁净毛巾再次擦拭衣物里、面，以防出现水渍。一旦出现水渍，可用洁净毛巾蘸冰醋酸稀释液擦拭去除。

结构松散、易变形衣物，如毛衣、羊毛衫等，除甩干时最好用浴巾包好，防止离心力作用使其变形外，晾晒时也需要用两至三个衣架悬挂以控干水分，以减少因悬垂过重而产生的变形。若有条件，最好平铺在垫有洁净白浴巾的台面上，抻平各部位，风干一面后，再风干另一面。待整件衣物七八成干时，再用衣架挂起、风干。

羽绒服、防寒服等衣物脱水处理后，为节省能源，可首先进行晾干，待衣物晾至六七成干时，进行烘干，以恢复其柔软、蓬松的最佳状态。

值得指出的是，进行烘干处理前，应全面检查衣物的料面上是否存在斑痕，尤其是透水性差的带涂层羽绒服、防寒服等。一旦出现斑痕，应将洁净白毛巾用稀释的冰醋酸水溶液润湿后适当挤干，轻轻擦擦存在斑痕的衣物料面，用以去除残存洗涤剂引发的斑痕，确保衣物的清洗效果。

羽绒服、防寒服上的斑痕清理完毕后，再对其进行烘干处理，以恢复其柔软、蓬松的最佳状态。

应该指出的是，带金属拉锁的羽绒服、防寒服等，烘干前应将衣物的里、面翻过来，并拉上拉锁，以避免划伤衣物料面。

带涂层羽绒服、防寒服等，其烘干温度不宜超过40℃。

各类衣物干燥且操作人员全面检查衣物的清洗、护理质量后，才能转交熨烫或发送工序。

第四节　洗衣业操作规范及质量标准

为规范行业行为，加强行业管理，各省、市、自治区洗染行业协会纷纷作出规定，要求洗衣店对顾客各类衣物、制品进行清洗、美容、护理服务时规范操作，以确保衣物、制品的清洗、护理质量，满足顾客的需求。

因此，各种规模的品牌洗衣店纷纷制定了相应的操作规范。现总结、整理如下，供读者参考。

一、操作规范

1. 去渍操作规范

① 为确保织物的质料、结构、色泽以及穿用性能等不发生明显恶性变化，织物去渍前必须认真做好各方面的应急准备工作，以便一旦出现不测可立即采取相应防护措施。

② 根据污渍的外观、颜色、气味，污渍在织物上的位置以及穿者职业等方面的不同，正确识别污渍种类。

③ 织物质料不同，其物理、化学性能不同（例如浓的强酸会造成纤维素纤维炭化，碱对动物性纤维有较大的腐蚀、破坏作用，冰醋酸可以溶解醋酸纤维等），去渍操作前必须确认织物纤维种类。

④ 去渍操作前需预测去渍操作对织物色泽、结构可能造成损伤的程度，考

虑最简便、经济的去渍方法，选择适宜的去渍材料和操作工艺。

⑤ 为实现安全去渍，需先用去渍化学药剂在织物面料不影响穿用的边缘之处试验，确有把握后再实施去渍操作。

⑥ 去渍操作应由污渍边缘向中间推进；去除积聚、厚重的污渍时应采取吸附措施，以避免造成二次污染。

⑦ 植物性纤维及其混纺织物以及含金属丝织物采用酸性去渍剂（如去锈渍剂）时，需先用水将污渍处润湿；去渍处理后，还需采用碱性材料对污渍处进行中和处理，以尽可能减少酸性材料对织物纤维的腐蚀。

⑧ 动物性纤维及其混纺织物必须采用碱性去渍材料时，需先用水将污渍处润湿；去渍处理后，还需采用酸性材料对污渍处进行中和处理，以尽可能减少碱性材料对织物纤维的腐蚀。

⑨ 待干洗织物适宜采用溶剂型去渍材料，使用水性去渍剂时，需将待处理之处干燥后再进行干洗，以免引起织物脱色。

⑩ 待水洗织物采用溶剂型去渍材料时，待处理之处的溶剂挥发后方可进行水洗操作，以避免可能引起的织物脱色。

⑪ 当采用某种去渍剂不能完全将污渍清除干净、必须采用其他去渍材料时，需将织物上的前一种去渍材料尽可能清除干净，避免两种去渍材料产生化学反应影响去渍效果。

⑫ 安全、快速地去渍不仅取决于去渍剂的浓度和作用力度，还需考虑去渍时的温度和作用时间，避免片面加大去渍剂浓度或作用力度带来的负面影响。

⑬ 各类衣物去渍处理后，需经质检合格，后方可转入干洗或水洗工序。

⑭ 各类织物去渍处理后，需经干洗或水洗，以改善和提高去渍效果（特殊情况除外）。

2. 衣物干洗操作规范

操作人员开机前应做好衣物干洗的准备工作，包括：检查溶剂箱清洁溶剂液位，纽扣收集器、绒毛收集器、蒸馏器排污门等零部件的安放以及紧固状况，冷却水水质、水位状况（免演示），确保干洗机接通压缩空气源和电源等。

衣物干洗应按以下操作规程进行：检查、分类—预处理—干洗—脱液—烘干—降温、脱臭—后处理—洗后检查。

① 检查衣物的兜袋内是否有遗留物；纽扣、配件等是否齐全；衣物的颜色、破损及污染状况等与收活票据记录是否一致；若有疑问，则及时通知营业人员与顾客联系沟通。

② 带涂层衣物、带饰物和饰片衣物、带金属丝衣物、人造革衣物、羽绒服以及某些绒类衣物不宜进行干洗。

③ 根据衣物质料、色泽、污染程度，将待干洗衣物分类。

④ 检查衣物纽扣、垫肩、里衬等对干洗溶剂的适应性，必要时采取相应防护措施。

⑤ 对破损、开线、溶剂吸附量大、容易产生变形的衣物（如丝绵被等）采取加固防护措施。

⑥ 利用去渍剂或干洗前处理剂，对衣物上的污渍或受污垢污染的部位进行洗前预处理。

⑦ 结构松散、易变形衣物（如毛衣、羊毛衫、领带等）应装进大小适宜的网袋内进行干洗。

⑧ 颜色浅淡、鲜艳的衣物干洗时，应先利用清洁溶剂将干洗机的滚筒、管道、溶剂泵、纽扣收集器等部位冲洗干净，之后再进行干洗操作，以免影响衣物洗净度。

⑨ 为确保衣物干洗效果，干洗机装载量一般应保持在干洗机容量的85%左右。

⑩ 衣物颜色不同，污染程度不同时，应采用不同的干洗工艺（如"一浴"干洗、"二浴"干洗、"小循环"干洗、"大循环"干洗等）。

⑪ 衣物质料、色泽、污染程度不同时，除应添加适量干洗助剂（枧油、抗污垢再沉积剂）外，还应采用不同的干洗时间、脱液时间和脱液方法。

⑫ 衣物质料、结构不同，溶剂吸附量不同时，应采用不同的烘干温度和烘干操作工艺。

⑬ 衣物烘干完毕，应进行降温、脱臭处理，以尽可能降低衣物中残存的溶剂味道，同时避免衣物产生明显褶皱。

⑭ 从干洗机内取出衣物之前，应先利用干净毛巾将干洗机装载门及相关部位擦拭干净，以避免可能存在的绒毛、灰尘类物质污染干洗后的干净衣物。

⑮ 认真检查衣物的干洗质量，对可能存在的水性污垢再次进行清除处理；对不符合质量要求的衣物再次进行干洗处理。

⑯ 符合干洗质量要求的衣物，用衣架悬挂转送熨烫工序。

⑰ 认真检查、清理纽扣收集器、绒毛收集器，检查干洗溶剂的清洁度和干洗机各有关部位（烘干冷却器、烘干加温器、过滤器、蒸馏器、蒸馏冷凝器等）的工作状况，为下一循环的干洗操作做好各项准备工作。

3. 衣物手工水洗操作规范

衣物的手工水洗应按以下操作程序进行：检查、分类—预处理—手工水洗（机洗）—投水漂洗—后处理—脱水—晾晒—洗后检查。

① 检查衣物的兜袋内是否有遗留物；纽扣、配件等是否齐全；衣物的颜色、破损及污染状况等与收活票据记录是否一致。若有疑问，则及时通知营业人员与顾客联系沟通。

② 根据衣物质料、结构、染色牢度、污染程度以及耐洗程度，将待水洗衣物分类。

③ 具有以下状况的衣物应单独进行清洗处理：

a.易脱色、渗色、搭色以及易出现色花、色缕的衣物（如真丝制品，多色衣物等）；

b.易变形衣物（如毛衣、羊毛衫等）；

c.易出现褶皱且不便进行熨烫处理的衣物（如带涂层衣物、人造革衣物等）；

d.易掉毛、倒绒的衣物（如绒类织物等）；

e.洗涤剂易残留、衣物干燥后易形成斑痕的衣物（如羽绒服、带絮填物防寒服等）；

f.织物纤维易腐蚀、断裂的衣物（如带金属丝线衣物等）；

g.衣物附件易脱落、丢失、短缺的衣物（如带饰物、饰件等辅件的衣物等）。

④ 利用适宜的去渍剂或前处理剂，对衣物上的污渍或受污垢污染的部位进行洗前预处理。

⑤ 前处理后的衣物置于常温水中浸湿、泡透后再实施清洗处理，以免清洗后投水漂洗不干净，衣物干燥后出现水痕。

⑥ 质料不同的衣物应选择相适宜的洗涤材料；洗涤用水最好为软水。

⑦ 润湿、泡透的衣物经适当挤干后，浸入相应洗涤液中再次实施浸泡。

a.衣物质料、结构、染色牢度等不同时，应选择不同的洗涤剂浓度、温度和浸泡时间；

b.真丝及多色等易出现色泽事故的衣物，应洗一件泡一件，而且衣物一旦润湿、泡透，立即进行清洗、投水漂洗、后处理、挤干水分、晾晒，一气呵成，以免出现色泽方面的问题；

c.绒类衣物吸水性强，故应加大水量，防止织物相互挤压造成绒毛倒伏；

d.人造革等衣物不宜浸泡。

⑧ 利用手工水洗台案和相应工具、设施，对衣物进行清洗处理。

a.衣物质料、结构、色牢度不同时，应选用软、硬不同的洗衣板刷，并采用不同的操作方法，避免"千篇一律"；

b.刷洗要做到"三平一匀"（洗衣台案平整、待洗衣物铺平、洗衣板刷走平、用力均匀），逐片、逐块刷，避免漏刷、重刷，导致衣物洗后出现色差；

c.真丝制品污染较为严重的部位，尽可能在衣物的反面轻刷，并以拎涮、挤攮操作为主；

d.顺着带绒衣物的纹路或一个方向轻刷；

e.为避免渗色、串色，多色衣物要边冲清水边轻刷；

f.纯毛及其混纺织物的重点部位要用软毛刷轻拍、轻刷；

g.毛衣、羊毛衫等易变形织物不能刷洗、拧绞、用力揉搓，只宜大把轻揉、双手挤攮；

h.人造革、带涂层衣物不能揉搓、拧绞，不能机洗，只宜用软毛刷或蘸有洗涤液的洁净湿布轻刷或擦洗；

i.羽绒服、防寒服等污染较为严重的衣物，应该用软毛刷刷到位，不能漏刷。

⑨ 除易脱色织物、真丝织物、人造革、带涂层衣物、纯毛及其混纺织物、毛衣、羊毛衫等易变形织物等不宜用机器水洗的衣物外，其他常见衣物经手工清洗后，还需利用洗衣机再次对衣物进行水洗，以使污垢去除得更为彻底。

⑩ 为尽可能清除衣物中残存的洗涤剂，羽绒服、防寒服等吸附性强的衣物清洗过后，应进行脱水处理，其他衣物也要轻轻挤干或控干洗涤液水分后，再实

施投水漂洗。

注意：带涂层的羽绒服、防寒服等不宜进行强力脱水！

⑪ 依据织物染色牢度状况，将挤干水分或经脱水的衣物置入清水中投水漂洗2～3次；机洗织物仍用洗衣机进行投水漂洗。

a.轻薄、易损织物，吸水量大、易变形的毛衣等织物，投水漂洗时应大把轻揉，双手挤攥或轻轻按摩。从漂洗液中取出时应双手托出，不能拧绞，只能轻轻挤出水分，以防破损、变形。

b.人造革、带涂层的衣物投水漂洗时，不能揉搓、拧绞，需用双手攥住两肩在水中上下拎涮；从漂洗水中取出时要双手抱出，不能拧绞、挤压，只能轻轻控干水分。

c.带絮片防寒衣物投水漂洗时，不能拧绞，不能大幅度上下拎涮，用双手轻轻挤压排除水分，以防絮片翻滚、下垂，失去保暖作用。

d.吸水量大的羽绒服、防寒服等衣物，投水漂洗时最好投水漂洗一次，脱水甩干一次。

注意：带涂层的羽绒服、防寒服等不宜进行强力脱水！

⑫ 某些衣物经投水漂洗并挤干水分或甩干之后，还需进行后处理。

a.丝、毛织物以及羽绒服等防寒服装，应在0.5%～1%的冰醋酸水溶液中浸泡几分钟，进行过酸中和处理，以彻底清除衣物中可能残存的洗涤液。

b.毛衣、羊毛衫等衣物经过酸中和并挤干水分后，还需进行柔软处理。

c.如有必要，白色或彩色衣物还需进行漂白或增白、增艳处理。

⑬ 经投水漂洗或后处理的衣物，甩干或适当挤干水分后才能实施晾晒。

a.不同颜色织物脱水甩干时，应及时用清水冲洗脱水机，以免引起衣物搭色。

b.轻薄、易损衣物，多色衣物以及易变形织物，需用浴巾或毛巾被将其包裹卷起后脱水甩干，以防衣物损坏或引起搭色、串色。

c.不宜甩干的真丝制品，应双手轻轻挤攥以排出水分。

d.为避免出现死褶，人造革衣物不能脱水甩干，需用洁净干毛巾揩擦以吸收水分。

e.带涂层衣物不能挤干、拧干，更不能强力脱水甩干，以防出现死褶；用干毛巾擦拭衣里、衣面后，多个衣架挂起、控干。

⑭ 衣物经脱水甩干或挤干水分之后，抻平各部位，衣里朝外，衣架挂起，阴凉、通风处自然风干，避免阳光下暴晒。

a.毛衣、羊毛衫等针织衣物，需用2～3个衣架或网袋悬挂，以减少因悬垂过重而产生的变形。待其控干水分、接近半干时，改用西装衣架挂起、风干。

b.带涂层衣物用2～3个衣架挂起，控干水分晾至半干后取下，用潮湿净毛巾再次擦拭里、面，以防出现水渍。

c.羽绒服、带絮填物的防寒服等衣物，晾至半干后取下置入烘干机，在40℃左右时进行烘干处理，以恢复其原有的蓬松状态。

d.应该指出的是，带金属拉锁的羽绒服、防寒服等，烘干前应将衣物的里、面翻过来，并拉上拉锁，以避免划伤衣物料面。

⑮ 衣物干燥后，认真检查衣物的水洗质量，对可能存在的污垢再次进行清除处理；对不符合质量要求的衣物再次进行返洗处理。

⑯ 符合水洗质量要求的衣物，用衣架悬挂转送熨烫工序。

4. 衣物手工熨烫操作规范

① 认真检查待熨烫衣物的洗涤效果，不符合清洗质量要求的衣物退回原洗涤工序。

② 开线、掉扣、拉锁损坏等的衣物，应缝好开线、钉上纽扣（饰物）、修好拉锁后再熨烫。

③ 根据衣物洗涤标识和织物质料、结构，确定合理的熨烫操作程序，以恢复衣物原有的平整、挺括和曲线造型。

④ 衣物的质料、厚薄不同，选用的熨烫工具（电熨斗、蒸汽熨斗）不同，并采用正确的加湿方法。

a.质料较厚的衣物应适量多加湿，较薄的衣物适量少加湿，而柞蚕丝、维纶纤维等织物不宜加湿熨烫。

b.采用电熨斗熨烫时应以焖水法为织物纤维加湿，采用蒸汽熨斗熨烫时可不加湿。

c.采用电熨斗熨烫易脱色衣物时，应以喷水的方式为织物纤维加湿，以防止焖水时衣物搭色。

⑤ 依据质料、厚薄不同，合理选择熨烫温度，以使织物纤维充分软化，确保熨烫效果。

⑥ 衣物的质料、结构、厚薄、表面状况不同时，需采用不同的熨烫压力。

a.熨烫质料较厚的衣物时，适当加大熨烫压力；质料较薄时，熨烫压力要适中。

b.熨烫衣物的接缝、褶裥、裤线、折边等处时，适当加大熨烫压力。

c.熨烫绒类、起泡类、起皱类等织物时，熨烫压力要适当减小甚至不加压，或者在反面熨烫；若有条件，应利用人像熨烫机进行熨烫处理。

⑦ 依据熨烫温度的不同，确定适宜的加温定型时间，以使热量扩散均匀。

a.熨烫温度较高时，热定型时间可以相应缩短。

b.熨烫温度较低时，热定型时间应适当延长。

⑧ 衣物加温熨烫完毕，应迅速降温、去湿，以加快织物纤维分子的结晶速度，使已经定型的衣物迅速成形。

⑨ 衣物熨烫定型之后，需认真检查熨烫定型效果，用衣架挂起。

⑩ 质量合格者移交包装发送工序。

5. 质量监督检查操作规范

① 各工序、岗位应坚持进行自检、互检，防止出现质量事故或差错。

② 清洗、护理各岗位操作人员在进行去渍或预处理前，需检查、核对衣物状况是否与收活票据的记载相符。若有疑问，则应及时通知营业员与顾客取得联系，得到顾客认可后方可进行相关操作。

③ 熨烫操作人员在对衣物实施熨烫前，需检查衣物清洗质量是否合格。若发现衣物存在污垢、缺陷或配件不全等问题，则应将衣物退回清洗岗位或及时核对、查找。

④ 质检人员需对待发送衣物进行总体检验。若发现质量问题或配件丢失、短缺，则应及时通知相关岗位配合查找，并迅速采取补救措施。

⑤ 接收质检后的待发送衣物时，营业人员不仅要检查衣物清洗、护理质量，核对衣物件数，更要关注衣物的纽扣、拉锁、饰物、配件以及配套情况等各方面状况，避免出现丢失、短缺、"张冠李戴"等现象。

6. 衣物包装操作规范

衣物包装应使用环保产品。

① 衣物包装前，应首先搞好工作环境以及包装设备、用品的清洁卫生工作。

② 认真检查各类衣物的清洗、护理质量状况，以及衣物的纽扣、拉锁、饰物、配件和配套情况等，对没有达到质量标准或饰物、配件丢失、短缺的衣物，及时返回质检工序。

③ 衣物包装前，对品名、颜色、数量等进行核对，正确无误后再实施包装。

④ 包装好的衣物，及时按序号排挂到相应的格架上，避免乱排、错排。

⑤ 对可发衣物和故障衣物，认真做好分类、记录与统计工作。

⑥ 衣物包装完毕，在相关统计、记录单上签字后方可进行交接。

二、质量标准

为规范行业行为，加强行业管理，各地洗染行业协会纷纷作出规定，要求洗衣店对顾客各类衣物及真皮制品的清洗、护理服务，达到相应质量标准。

因此，各种规模的品牌洗衣店纷纷制定了相应的质量标准。接下来把相关质量标准总结、整理如下，供读者参考。

1. 水洗（包括手工清洗和机洗）

① 织物污渍去除彻底，织物色泽、结构无恶性变化（与消费者有约定的特殊情况除外）。

② 各类织物经清洗处理后，各部位干净、整洁、无破损，无褪色、渗色、搭色、串色。

③ 针织品衣物经清洗处理后，应干净、整洁，无缩水、变形，手感蓬松、柔软。

④ 绒类织物经清洗处理后，应干净、整洁、有条理、自然，无掉绒、倒绒。

⑤ 带絮填物织物经清洗处理后，应干净、整洁、无洗涤剂残留痕迹，絮填物柔软、蓬松、分布均匀。

⑥ 人造革、带涂层等衣物经清洗处理后，应整洁、有条理、自然，无死褶、褶皱。

⑦ 带饰物、饰片、金属丝线的衣物经清洗处理后，应整洁、干净、有条

理、自然，饰物、饰片完整无损，金属丝线无断裂（与消费者有约定的特殊情况除外）。

⑧ 各类布草织物经清洗处理后，应干净、整洁、卫生、无异味，巾类织物蓬松、柔软。

2．干洗

① 衣物污渍去除彻底，织物色泽、结构无恶性变化（与消费者有约定的特殊情况除外）。

② 干洗后的衣物应整洁、干净、柔软、自然、无破损、无异味，无褪色、搭色，不变形。

③ 衣物的纽扣、衬里、垫肩及其他附件，应整齐、有条理、不变形，不丢失、短缺。

④ 衣物的饰物、饰片应完整无损，不缺失、变形。

3．皮革及裘皮衣物清洗

① 清洗后的裘皮衣物干净、整洁、无破损，不变形。

② 各类皮衣、皮板柔软，毛色纯正，无明显色差、搭色。

4．熨烫

① 经熨烫的衣物应平整、挺括、有条理、不变形，无细碎褶皱，各部位符合原设计款式要求。

② 衣物的风格、表面状况、颜色不发生变化，原褶痕保持良好。

③ 熨烫后的衣物无烫伤、无脆损、无极光，熨烫效果具有一定持久性。

④ 衣物外观整洁、平滑。

5．染色

① 衣物色泽、色光符合顾客要求，吸色充分，染色牢度好。

② 染色后衣物不花、不绺，手感柔软、滑爽，无浮色。

③ 改色后衣物着色均匀，吸色充分，各部位颜色一致，不花、不绺，无残色、浮色。

④ 染色或改色后的衣物，外观干净、整洁、平滑，无残渍、残垢，不变形、走样。

附录　染料性状中英文对照

中文	英文
粉状	powder
染色用粉状	powder fine for dyeing
细粉	fine
液态	liquid
特细粉	microfine
超细粉	superfine
品质优良	supreior
特纯粹	special
高浓度	strong（concentrated）
特高浓	extra concentrated
浆状	paste
双倍染料浆	double paste

参考文献

［1］杜秀章.洗衣师读本.北京：化学工业出版社，2006.

［2］曾林泉.纺织品染色常见问题及防治.北京：中国纺织出版社，2008.

［3］魏世林，刘镇华，王鸿儒.制革工艺学.北京：中国轻工业出版社，2001.

［4］张仁里，廖文胜.洗衣厂洗涤及洗涤剂配制.北京：化学工业出版社，2003.

［5］刘静伟.服装洗涤去污与整烫.北京：中国纺织出版社，1999.

［6］上海汉阳工业厂.还原染料手工染纱.北京：中国财政经济出版社，1965.

［7］王益民，黄茂福.成衣染整.北京：纺织工业出版社，1989.

［8］徐克仁.染色.北京：中国纺织出版社，2007.

［9］汪青.成衣染整.北京：化学工业出版社，2009.

［10］上海纺织工业局《染料应用手册》编写组.染料应用手册《第一分册直接染料》.北京：纺织工业出版社，1983.

［11］上海纺织工业局《染料应用手册》编写组.染料应用手册《第二分册酸性染料》.北京：纺织工业出版社，1983.

［12］上海纺织工业局《染料应用手册》编写组.染料应用手册《第四分册阳离子染料》.北京：纺织工业出版社，1984.

［13］上海纺织工业局《染料应用手册》编写组.染料应用手册《第五分册分散染料》.北京：纺织工业出版社，1985.

［14］上海纺织工业局《染料应用手册》编写组.染料应用手册《第六分册活性染料》.北京：纺织工业出版社，1985.

［15］上海纺织工业局《染料应用手册》编写组.染料应用手册《第七分册还原染料与可溶性还原染料》.北京：纺织工业出版社，1982.

［16］染化药剂（修订本）.第2版.北京：纺织工业出版社，1980.